머릿속에 쏙쏙!
미분·적분 노트

일러두기

이 책 2장부터는 일본에 살고 있는 철수와 영희가 나옵니다. 국립대학 수학과에 다니는 남학생인 철수와 철수의 사촌 여동생인 중학생 영희를 중심으로 이야기가 전개됩니다.

머릿속에 쏙쏙!

미분·적분
노트

사가와 하루카 지음　**가기모토 사토시** 감수　**오정화** 옮김

시그마북스
Sigma Books

머릿속에 쏙쏙! 미분·적분 노트

발행일 2022년 10월 4일 초판 1쇄 발행
지은이 사가와 하루카
감수자 가기모토 사토시
옮긴이 오정화
발행인 강학경
발행처 시그마북스
마케팅 정제용
에디터 최연정, 최윤정
디자인 강경희, 김문배

등록번호 제10-965호
주소 서울특별시 영등포구 양평로 22길 21 선유도코오롱디지털타워 A402호
전자우편 sigmabooks@spress.co.kr
홈페이지 http://www.sigmabooks.co.kr
전화 (02) 2062-5288~9
팩시밀리 (02) 323-4197
ISBN 979-11-6862-071-1 (03410)

ZUKAI MIDIKA NI AFURERU "BIBUN SEKIBUN"GA 3 JIKAN DE WAKARU HON
© HARUKA SAGAWA 2021
Originally published in Japan in 2021 by ASUKA PUBLISHING INC.,TOKYO.
Korean Characters translation rights arranged with ASUKA PUBLISHING INC.,TOKYO,
through TOHAN CORPORATION, TOKYO and EntersKorea Co., Ltd., SEOUL.

이 책을 펼친 여러분에게

책 제목에서 미분·적분이라는 단어만 들어도 도망가고 싶어진 당신! 적분 기호 $\int$ 나 미분 기호 dx만 보아도 뒷걸음질 치게 되는 당신! 잠깐! 우선 이 책을 조금만 읽어 보지 않겠는가?

'미분·적분은 나와 관계없다'라고 생각하는 사람이 분명히 있을 것이다. 하지만 여러분은 지금 이 책을 손에 들고 읽고 있다. 그것은 여러분도 마음 한구석에서 미분과 적분을 궁금해하거나 이해하고 싶어한다는 의미가 아닐까?

마음을 편히 가져도 좋다! 이 책은 여느 미분·적분 책과는 조금 다르다. 그저 무료한 일상을 보내고 있는 필자가 깨달은, 소소하고 마음이 훈훈해지는 것들을 정리한 책이다. 예를 들어 미분을 활용해 '저금한 액수가 수년 후에 어떤 형태로 증가할지?'에 대해 생각하거나, 적분을 통해 '연애 잘하는 방법'을 알아본다. 이 책을 통해 조금이라도 '미분과 적분이 재미있어졌다'라고 생각할 수 있다면, 필자는 너무 기쁠 것이다.

익숙하지 않은 계산식이 많이 등장하는 미분·적분이 당혹스러울 수 있다. 하지만 그 근본에 있는 '사물을 잘게 나누어 그것을 조사하다'라는 사고방식 자체는 그렇게 어려운 개념이 아니다. 양파를 잘게 썰어 상한 부분을 찾는 것과 같은 것이다. 요령만 확실히 이해한다면 우리 사회의 여러 문제에 미분과 적분의 사고방식을 적용할 수 있다.

필자가 미분·적분과 만난 계기는 『미국에서는 이렇게 한다! 7세부터 시작하는 미분·적분』(한국 미출간)이라는 한 권의 책이었다. 이 책은 초등학생도 할 수 있는 산수 계산 문제를 실마리로 삼아, 미분·적분에 대해 이해할 수 있도록 하는 내용을 담고 있다. 당시 중학생이었던 필자는 마치 새로운 퍼즐을 발견한 것처럼 그 책에 빠져들었다. 그리고 '조금이라도 미분·적분을 이해하고 싶어 하는 사람들에게 도움이 되고 싶다'라는 생각에 이 책을 집필하게 되었다.

원래 수학과 친하지 않다고 생각하는 사람이 있을 것이다. 실제로 미분·적분은 고등학교 교육 과정에서 처음 나오는 개념으로, 그 편리한 사고방식을 이해하지 않고 암기에만 의존하다 결국 좌절하고 마는 사람도 있을 것이다.

필자는 그러한 사람이야말로 이 책을 읽었으면 한다. 왜냐하면 이 책은 미분·적분의 수식을 최대한 생략하고, 사고방식을 통해 배우는 것을 중시하기 때문이다. 미분·적분을 모르는 사람이 그 즐거움을 처음부터 알았으면 하는 마음으로 이 책을 집필했다. 이 책을 읽는 여러분에게 그 마음이 조금이라도 전달되기를 바란다.

미분·적분의 사고방식은 실제 수식이나 숫자를 취급하는 것이 아니라, 일상생활의 다양한 상황에 활용되고 있다. 근력 운동이나 요리 등 상상도 하지 못한 부분에서 쓰이고 있을지도 모른다. 이 책에 등장하는 일본에 사는 철수 군과 영희 양의 대화를 읽으며 미분·적분을 이해한다면, 틀림없이 본인도 모르는 사이에 일상의 풍경을 조금씩 다르게 즐길 수 있게 될 것이다. 또 각 주제의 마지막에는 간단한 수식도 소개하고 있다. 흥미가 있다면 그 부분도 유의하여 읽어보기를 바란다.

첫 책의 집필이 익숙하지 않았지만, 가까이에서 필자를 지도해주신 수학자 가기모토 사토시 선생님께 감사의 인사를 전한다. 또 진행을 확인해준 어머니를 비롯해, 집필에 도움을 주신 많은 분께 진심으로 감사하다는 말을 전한다.

사가와 하루카

차례

시작하며   **6**

제1장   미분·적분, 도대체 무엇일까?

01 많은 사람이 미분과 적분에서 좌절하는 이유는?   **14**

02 미분과 적분의 정체를 이해하면, 그게 무엇이든 두렵지 않다?   **17**

03 먼저 수식을 알기 전에 미분과 적분의 세계를 이해하자!   **19**

04 우리 주변에는 미분과 적분의 예시가 넘쳐나고 있다   **23**

【칼럼 01】 미분과 적분을 공부하면 도대체 어디에 도움이 될까?   **26**

제2장   일상생활 속의 미분과 적분

05 태풍은 압력과 풍속의 적분이다   **30**

06 교통체증은 미분으로 예측할 수 있다   **33**

07 지하철의 주행 거리는 적분으로 계산할 수 있다   **36**

08 프린터는 적분의 사고로 탄생했다?   40

09 화장품과 아름다움의 수준은 미분과 적분으로 설명할 수 있다   44

10 적분으로 충치의 진행을 알 수 있다   48

11 근력 운동으로 이상적인 몸매를 언제 완성할 수 있는지는

　　미분으로 알 수 있다   52

12 적분으로 가까운 사람의 '스트레스 수치'를 알 수 있다   55

13 포털사이트의 '웹 검색'은 미분적인 사고방식에 근거한다   59

14 내가 저금한 돈의 몇 년 후 금액은 미분으로 알 수 있다   62

15 식품의 유통 기한은 미분으로 알 수 있다   65

16 조미료 사용을 미분으로 해보면 맛있는 요리가 만들어진다   68

제 3 장　　사회생활 속의 미분과 적분

17 짧은 시간에 정확하게 계량할 수 있는 것은 적분의 힘이다   74

18 화석의 연대는 미분으로 예측할 수 있다   77

19 미분의 지문 인식으로 보안이 강화되고 있다   80

20 희귀 생물의 멸종 위기는 미분으로 계산한다   83

21 지원하는 학교의 시험 난이도는 적분으로 알 수 있다   87

22 재판은 정보의 적분이다   90

23 미분으로 나의 보험금 금액을 계산할 수 있다   93

24 선거를 이기고 지는 데는 입후보자의 미분에 달려 있다!?   96

25 병에 걸리면 의사는 미분으로 약을 처방한다   100

26 전염병 감염자 수의 증감은 미분으로 추측한다   103

[칼럼 02] 미분·적분에 빼놓을 수 없는 '극한'이라는 개념   106

제 4 장 　취미 및 여가 속의 미분과 적분

27 롤러코스터에서 비명을 지르는 지점은 미분으로 결정한다　　108

28 미분으로 벚꽃이 개화하는 시기를 예측할 수 있다　　111

29 노래방은 적분으로 계산하면 점수가 잘 나온다　　114

30 애니메이션은 미분이 주는 선물이다　　117

31 영화 흥행은 미분으로 예측할 수 있다　　120

32 경마의 배당금은 적분으로 결정된다　　123

33 개인 트레이너는 미분을 통해 최적의 운동을 고안한다　　126

34 보드게임은 미분으로 계산한 사람이 승리한다　　129

제 5 장 　커뮤니케이션 속의 미분과 적분

35 내신 점수는 적분으로 계산한다　　134

36 인터넷 방송 크리에이터의 인기도는 적분으로 볼 수 있다　　137

37 미분으로 계산하면 연애도 잘할 수 있다고!?　　141

38 따돌림 발생률은 미분으로 알 수 있다　　144

39 앞으로의 승진 확률은 적분으로 예상한다　　147

40 자격시험의 학습 진도는 적분으로 볼 수 있다　　150

41 행사를 담당하게 되었다면 미분으로 계산하자　　153

42 국가 간 전쟁에서 작전은 적분으로 세운다　　156

43 당신의 수명을 미분으로 계산해보자　　159

참고 사이트　　162

제 1 장

미분·적분,

. . . .

도대체 무엇일까?

. . . .

2 3 5 1 4

01

많은 사람이 미분과 적분에서 좌절하는 이유는?

미분·적분은 이름만 들으면 완전히 별세계 말처럼 들린다. 하지만 그 내용을 자세히 들여다보면 사실 평소에도 여러분 옆에 있는 의외로 친숙한 존재일지도 모른다.

미분·적분은 고등학교 수학에서 배우는 단원이다. 미분·적분이라는 말만 들어도 괴로운 표정을 짓는 사람, 미분·적분은 수학 중에서도 제일 어려운 내용이어서 도저히 이해할 수 없는 개념이라고 생각하는 사람도 많다.

미분·적분에는 계산식에 'dx'나 '$\int$' 등 매우 낯선 기호가 따라붙는다. 기호가 뒤섞인 기도문과 같은 긴 계산식을 해독해야 한다고 생각하면, 사고가 정지하여 굳어버리는 사람도 있다.

다시 말해 **미분·적분은 생김새만으로 엄청난 손해를 보고 있는 것이다.** 원리를 알면 그 기호 하나하나의 의미를 이해하고 친근감도 느끼겠지만, 많은 사람이 난해할 것이라고 지레 겁을 먹고 소극적인 태도를 보이고 만다.

하지만 미분·적분의 생김새만 보고 벽이 너무 높다고 판단하여 학습 의욕을 잃고, 수학을 자신 없는 과목이라고 단정 짓는 것은 너무 안타까운 일이다.

미분·적분을 좋아하게 되면, 당연하지만 우선 수학 점수가 향상된다. 미분·적분은 대학 입시에도 출제되는 단원이다. 평균 점수가 낮을 때 미분·적분 문제를 풀 수 있게 된다면, 다른 수험생과 점수 차이를 벌릴 수 있을 것이다. 그러면 대학에 합격할 가능성도 단숨에 올라간다.

수험 분야에서만 이득을 보는 것이 아니다. 미분·적분에 관한 지식이 있으면 앞으로의 일을 쉽게 예상할 수 있고, 더욱 계획적으로 생활할 수 있다. '무리하거나 낭비하지 않도록, 어떻게 행동해야 하는지'를 알 수 있는 것이다.

다시 말하지만 미분·적분은 사실 그렇게 어려운 개념이 아니다.

물론 미분·적분은 계산식이 길고 많아서 계산할 필요가 있으며, 작업량도 확실히 많다. 그렇지만 정답을 도출하는 순간의 희열은 그만큼 각별하고 짜릿하다.

게다가 모르는 언어처럼 느껴지는 수수께끼 같은 기호도 그 의미를 이해하면, 길고 긴 계산의 여정 속에서 미아가 되지 않게 해주는 이정표처럼 느껴질 것이다.

이 책은 많은 사람이 어렵다고 생각하는 미분·적분을 일상생활의 여러 상황에 적용하여, 쉽게 이해할 수 있도록 해설하고 있다. 미분과 적분을 세트처럼 취급하는 경우가 많은데, 이들은 서로 닮은 듯 다르다. 예를 들어 매우 비슷하지만 같지 않은 곱셈과 나눗셈을 세트로 취급하는 경우가 많은 것처럼, 미분과 적분도 그와 비슷한 관계인 것이다.

이 책을 읽으면 지금까지 외면해왔던 미분과 적분에 대해 조금이라도 재미를 느낄 수 있을 것이다.

02

미분과 적분의 정체를 이해하면,
그게 무엇이든 두렵지 않다?

미분·적분은 무서운 존재가 아닌, 계산을 쉽게 하기 위한 사고방식이다. 두렵기는커녕 계산 작업을 편리하게 해주는 존재라고 할 수 있다.

미분·적분을 무서운 괴물처럼 생각하는 사람이 있다. 모양을 보면 익숙하지 않은 엄청난 양의 수식 덩어리이기 때문이다. 혹은 고등학생 시절, 수학 시험으로 고통받은 기억이 있기 때문일지도 모른다.

그런데, 미분·적분이 과연 그렇게 무서운 존재일까?

그들은 계산을 쉽게 하기 위한 사고방식이므로, 두렵기는커녕 **계산 작업을 편리하게 해주는 존재**라고 할 수 있다. 조금씩 미분·적분을 풀 수 있게 된다면, 미분·적분이 매우 편리한 도구라는 사실을 깨달을 것이다.

미분·적분의 정체는 바로 '잘게 나눈 계산'이다.

세세하게 쪼갠 각각에 대해 따로따로 계산하기 때문에 식이 길어지기 쉽지만, 하나하나는 작은 계산의 축적이다.

그렇다면 미분과 적분의 차이는 무엇일까? 우선 미분이란 본래 큰 덩어리를 잘게 나누는 것이다. 반면에 적분은 잘게 나눈 것을 원래의 큰 덩어리로 되돌리는 것을 말한다.

이렇게 말해도 크게 와닿지 않을 것 같아 조금 더 자세하게 설명하자면, 미분은 사물의 변화를 나타내는 사고방식이다. '다음 순간에 사물은 어떻게 변화할까?'를 예측하는 것이다.

예를 들어 집 밖에 외출을 하면 도로에는 자동차가 달리고 있다. 차가 있는 위치는 언제나 계속 변화하고 있다. 어느 순간에, 자동차가 얼마나 이동하는지 예측하는 것이 바로 미분이다.

반면에 적분은 사물의 축적을 구하는 사고방식이다.

앞에서 다룬 자동차의 사례를 다시 생각해보자. 이것은 '실제 자동차를 쌓아 올린다'라는 말이 아니다. '자동차의 이동 거리를 쌓아 올린다'와 같은 의미다.

예를 들어 자동차가 시속 약 30km로 달리고 있다고 가정하자. 이 자동차의 속도를 1분마다 측정하면, 각 속도는 일정하지 않고 조금씩 다르다. 출발할 때는 서서히 속도를 올리고, 신호 앞에서는 속도를 줄이며 정지한다. 평지를 달리고 있어도 시속 29km일 때도 있고, 시속 33km일 때도 있는 것이다.

속도가 다르면 당연히 이동 거리도 다르다. 하지만 1분마다 이동한 거리를 60분 양만큼 모두 더하면 1시간 이동 거리를 구할 수 있다.

도저히 알 수 없는 수수께끼 기도문처럼 보였던 수식이 과정을 생략하기 위한 편리한 도구라는 사실을 깨닫게 될 것이다. 그러면 공포심이 희미해지며 미분·적분을 쉽게 친해지는 친구처럼 느낄 수 있을 것이다.

03

먼저 수식을 알기 전에
미분과 적분의 세계를 이해하자!

수학은 대부분 공식을 따라 계산을 하는 학문이다. 물론 미분과 적분에도 공식은 있다. 하지만
단순히 계산하는 것이 전부는 아니다.

필자는 일본 국립대학의 수학과에서 수학을 연구하고 있다.

어렸을 적부터 수학을 좋아하여 초등학생 때 처음 미분·적분을
다루었다.

처음 미분·적분 기호의 의미를 이해했을 때는 마치 나의 수학 능
력이 한 계단 향상한 듯한 기분이 들었다. 수를 다루는 방식이 굉장
히 참신했기 때문이다.

당시에 필자는 방정식이나 기하학 등을 공부하고 있었는데, 그것
들은 모두 '공식을 따라 계산'하는 학문이었다. 물론 미분과 적분에
도 공식은 있다. 하지만 단순히 계산하는 것이 전부가 아니다.

그때까지 공부해온 수학은 움직이지 않는 것, 변화하지 않는 것을
계산하는 정지 화면과 같은 것이었다. 멈추어 있으므로 그 모습을
쉽게 파악할 수 있고, 계산도 쉽게 할 수 있었다.

하지만 미분·적분은 사물의 움직임이나 변화에 대한 계산이다. 때
문에 **정지 화면이 아닌 동영상**과 같다. 움직이고 있는, 제각기 모습을 바
꾸는 것에 대한 계산이므로 많은 계산이 필요하다.

게다가 미분과 적분에서는 숫자의 변화를 파악하는 방법이 다르다고 할 수 있다.

예를 들어 수영장에 물을 가득 채우기 위해 수도꼭지를 끝까지 돌리면 물이 힘차게 나온다. 그리고 수도꼭지를 잠그면 물의 세기는 약해진다. 그 모양을 다음 그래프를 통해 살펴보자.

〈도표 1-1〉 미분 그래프에서는 사물이 변화하는 기세의 수준을 알아보기 위해 '수도꼭지를 돌린 이후의 물의 양'을 나타내고 있다.

물이 세차게 나올 때는 그래프가 가파른 오르막길처럼 그려진다. 그리고 수도꼭지를 조금 잠그면 그 언덕의 각도가 완만해진다. 이때 물이 모이는 양은 적어지므로 수영장에 물을 가득 채우기까지는 더 많은 시간이 필요하다.

반면에 〈도표 1-2〉 적분 그래프에서는 '물의 세기'를 나타내고 있다. 1초 동안 물이 어느 정도 나오는지를 보는 것이다.

수도꼭지를 돌렸을 때, 첫 1초부터 물이 엄청난 세기로 나오므로 그래프는 높은 위치에서 시작한다. 그리고 수도꼭지를 조금 잠그면, 물의 세기는 갑자기 줄어들기 때문에 그래프 모양도 순식간에 뚝 떨어진다.

적분이 대단한 것은 그래프에서 '합계를 통해 물이 어느 정도 나왔는지'를 알 수 있다는 점이다. 그래프 내에 만들어진 도형의 면적을 계산하면, 간단하게 물의 양을 구할 수 있다.

미분으로는 모인 물의 양으로 물의 세기를 알아보았다면, 적분으로는 물의 세기를 기록함으로써 모인 물의 양을 조사하는 것이다.

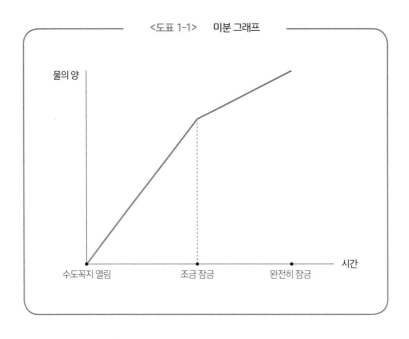

<도표 1-1>　미분 그래프

물의 양

시간

수도꼭지 열림　　　조금 잠금　　　완전히 잠금

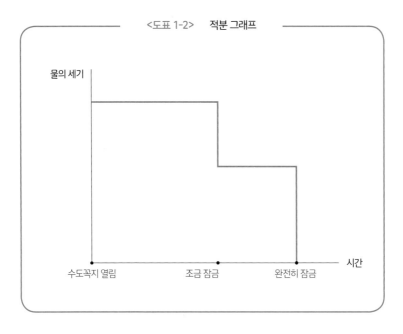

<도표 1-2>　적분 그래프

물의 세기

시간

수도꼭지 열림　　　조금 잠금　　　완전히 잠금

이처럼 미분과 적분은 그 계산 목적이 구체적이며, 문제의식을 느끼고 파고드는 것이 많다는 특징이 있다. 그야말로 계산할 맛이 나는 분야인 것이다.

04 우리 주변에는
미분과 적분의 예시가 넘쳐나고 있다

미분과 적분은 극단적으로 표현하면, 세상에서 변화하는 모든 것에 적용할 수 있다. 심지어 사람의 마음과 가을 하늘에도 적용할 수 있다!

앞에서 본 수도꼭지의 사례도 그렇지만, 사실 미분과 적분은 일상의 다양한 상황에서 사용되고 있다. 극단적으로 이야기해서 변화하는 모든 것에 적용할 수 있는 것이다.

'모든 것'의 사례로는 자전거의 속도 변화와 주행 거리, 머리카락이 자라는 속도와 지금까지 자란 길이 등이 있다. 이러한 일상의 여러 움직임을 미분과 적분으로 분석할 수 있다.

시간이 지나며 바뀌어 가는 아름다운 사계절 또한 변화하는 것이며, 사람의 마음도 변화하는 것 중 하나라고 할 수 있다.

예를 들어 '사람의 마음과 가을 하늘'이라는 표현처럼 무려 마음의 미묘한 변화도 미분과 적분으로 어느 정도 표현할 수 있다는 것이다.

이렇게 '많은 것을 미분과 적분으로 표현할 수 있다'라고 말하긴 했어도, 미분과 적분의 내용은 닮은 듯 조금 다르다.

정리하면 지금 순간의 상태를 이해하는 것이 미분, 지금까지의 축적에 대한 것이 적분이다.

'사람의 마음과 가을 하늘'을 미분과 적분으로 나타내보자.

예를 들어 "다른 사람이 좋아져서 헤어지고 싶다"라며 배우자가 이혼을 요구하는 부부를 생각해보자. 일단 이 사례에서는 '이별을 예측하다'라는 행동에 미분을 이용할 수 있다.

최근 귀가가 늦어지고, 집에 함께 있어도 대화하려고 하지 않는 등 배우자의 차가운 태도가 계속되었다고 가정하자. 이를 통해 앞으로 무언가 좋지 않은 전개가 기다리고 있을 것 같다는 예측을 할 수 있다. 미분은 '지금처럼 좋지 않은 상황이 계속된다면 어떻게 될까'를 어느 정도 계산할 수 있는 것이다(《도표 1-3》 참고).

반면에 적분은 '지금까지의 축적'을 의미한다. 그러므로 '이혼 시 재산 분할'의 상황에서 활용할 수 있다(《도표 1-4》 참고). 예를 들어 일본의 경우 사법 통계 연보에 의하면 이혼 시, 혼인 기간이 길수록 재

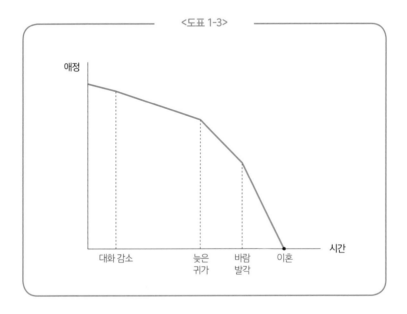

<도표 1-3>

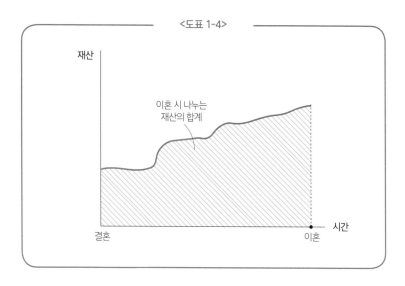

<도표 1-4>

재산

이혼 시 나누는
재산의 합계

결혼

이혼

시간

산 분할이 커지는 경향이 있다. 함께 지낸 기간이 길면 그만큼 함께 구축한 재산도 증가한다고 보기 때문이다. 이것이 바로 적분의 사고 방식이다.

앞의 예시처럼 **다양한 일이 벌어지는 드라마 같은 인생도 미분과 적분을 활용하면 수학적으로 분석할 수 있다.**

그렇게 생각하면 시야에 들어오는 모든 것은 수학과 이어져 있는 것처럼 느껴지고, 세계에 대한 이해의 깊이가 깊어지는 기분을 느낄 수 있다.

이 책에서는 미분과 적분을 조금이라도 가까이에서 느낄 수 있도록 40가지 이상의 이해하기 쉬운 사례를 해설하고 있다.

이 책을 읽고 많은 사람이 미분과 적분에 재미를 느끼고 좋아하게 된다면, 그것처럼 기쁜 일은 없을 것이다.

미분과 적분을 공부하면 도대체 어디에 도움이 될까?

미분·적분을 어려워하는 사람이 꽤 많다. "미분·적분은 공부해도 아무런 도움이 되지 않는다"라고 말하는 사람까지 있다. 하지만 과연 미분·적분은 정말 아무런 도움도 되지 않을까?

미분·적분을 공부하면 계산 실력이 향상된다. 계산 속도가 빨라지고, 우선순위를 정해 계산할 수 있게 된다. 미분·적분 문제를 풀기 위해서는 하나의 계산식뿐만 아니라 여러 개의 계산식을 잘게 쪼개야만 한다. 답을 도출하려면 몇 단계의 계산 순서를 거칠 필요가 있기 때문이다.

〈미분 문제〉

$f(x) = x^2$를 미분하시오.

(해답)
$$\frac{df}{dx} = \lim_{n \to 0} \frac{f(x+n) - f(x)}{(x+n) - x}$$
$$= \lim_{n \to 0} \frac{(x+n)^2 - x^2}{(x+n) - x}$$
$$= \lim_{n \to 0} \frac{2xn + n^2}{n}$$
$$= \lim_{n \to 0} (2x + n) = 2x$$

따라서 답은 $2x$다.

〈적분 문제〉

$f(x) = x^2$를 $0 \leq x \leq 1$의 범위에서 적분하시오.

(해답) $\int_0^1 f(x)dx = \int_0^1 x^2 dx$

$$= \left[\frac{x^3}{3} \right]_0^1$$

$$= \frac{1}{3} - 0 = \frac{1}{3}$$

따라서 답은 $\frac{1}{3}$ 이다.

　이처럼 미분·적분 문제는 몇 번의 계산을 거쳐 답을 도출한다.

　과정 중간에 계산식을 하나라도 틀리면 답이 달라지기 때문에 신중하게 계산해야 한다. 결과적으로 꼼꼼하게 계산하는 습관을 익히는 것이다.

　"미분·적분은 아무런 도움이 되지 않는다"라는 말은 옳지 않다. 미분·적분은 복잡한 계산을 단계적으로 전개하는 것이므로, 일상생활에서 무언가를 생각할 때 알게 모르게 그 사고방식을 응용하게 되기 때문이다. 이런 학문을 다루다 보면 조금 더 현명하게 생각할 수 있게 될 것이다.

제 2 장

일상생활 속의

미분과 적분

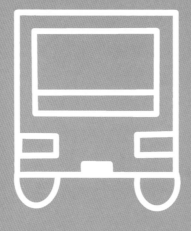

태풍은 압력과 풍속의 적분이다

미분·적분은 일상생활 속 곳곳에 숨어 있다. 숫자를 사용하지 않더라도 미분·적분의 사고방식은
다양한 부분에 응용되기 때문에 도움이 될 것이다.

태풍이 철수가 사는 마을에 가까워지고 있다.

일기 예보에서는 태풍이 곧장 철수의 마을로 향하고 있다고 했다.
철수의 어머니는 비를 막기 위해 급하게 덧문을 닫고, 베란다의 화분
을 집 안으로 들여놓는 등 태풍에 대비하고 있다.

그렇다면 태풍의 진로는 어떻게 알 수 있을까?

우리가 이것을 알 수 있는 이유는 주변의 기압이나 풍속, 온도를
계산함으로써 태풍이 향하는 방향을 예측하기 때문이다. 동시에 태
풍의 크기가 어떻게 변화하고 있는지도 계산하고 있다.

기상 조건의 변화로 태풍의 현 위치는 조금씩 이동한다. 다시 말해
위도와 경도의 위치에 변화가 발생하는 것이다. **이러한 태풍의 추이는
과거 데이터의 축적, 즉 적분으로 생각할 수 있다.** 현재 태풍의 형태는 지금
까지 변화가 축적된 것이며, 이동할 때마다 기압이나 풍속, 온도를 상
세하게 계산해나감으로써 추후 진로를 예상할 수 있다.

그러나 때때로 태풍 예보가 빗나가는 경우도 있다. 예보의 자료가
되는 기압이나 풍속, 온도의 변화를 완벽하게 예측할 수 없고, 또 과

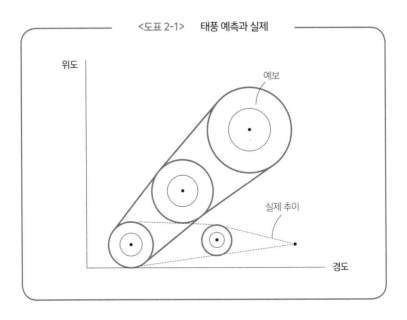

<도표 2-1> 태풍 예측과 실제

위도

예보

실제 추이

경도

거의 데이터를 충분히 계산할 수 없기 때문이다. 이러한 예측 실패는 예보에 필요한 계산의 양이 너무 방대하여 처리할 수 없기 때문에 발생한다.

태풍의 진로뿐만이 아니라 태풍의 크기에 대한 예측도 자주 빗나간다. '앞으로 더욱 거대해질 것이다'라고 예측한 태풍이, 상륙하는 순간 세력이 약해지면서 온대 저기압으로 변질되어 약해지는 경우가 종종 있다. 그래도 태풍 경보가 발효되었을 때는 신중하게 행동하고, 대비할 필요가 있다.

이처럼 '물체의 움직임을 상세히 계산하고, 그 축적된 데이터로 앞으로의 움직임을 예측한다'라는 사고방식은, 태풍뿐만이 아니라 다른 움직이는 것에도 적용할 수 있다. 예를 들어 인공위성이나 철새,

나아가 더 큰 물체인 대륙이나 행성의 움직임까지 계산할 수 있는 것이다.

그뿐만 아니라 달 모양의 변화에도 적분이 사용된다. 월 초반에는 보이지 않던 달이 날이 갈수록 차오르는 현상을 예측하는 데도 과거의 관측 데이터를 활용하고 있다.

하지만 약 28일 주기로 같은 변화를 반복하는 달과 달리, 태풍은 주기성이 없으며 달에 비해 모양의 변화가 복잡하기 때문에 예측이 쉽지 않다. 달은 변함 없이 지구의 주변을 맴돌지만, 태풍은 언젠가 소멸해버린다. 심지어 하나하나의 움직임이 모두 다르기 때문에 과거 태풍의 움직임을 그대로 적용할 수 없어 각각 계산이 필요하다. 이러한 이유로 태풍을 예측하기 위해서는 방대한 계산이 필요한 것이다.

계산식

태풍의 진행 방향을 $x(t)$, $y(t)$라고 한다(t는 시간, x는 경도, y는 위도).
시간 t의 범위를 a에서 b까지라고 할 때, 구하고 싶은 태풍의 위치는
$\int_a^b y(t)dt$, $\int_a^b x(t)dt$라고 쓸 수 있다.
태풍이 남쪽으로 빗나가고 있다면($y(t)$가 예상보다 낮았을 때), $\int_a^b y(t)dt$도 작아지므로 태풍의 위도 또한 예보보다 낮아진다.
그리고 태풍이 동쪽으로 빗나가고 있다면($x(t)$가 예상보다 낮았을 때),
$\int_a^b x(t)dt$도 작아지므로 태풍의 경도 또한 예보보다 낮아진다.

교통체증은 미분으로 예측할 수 있다

교통체증의 원인을 파악할 때, 자동차 사이의 간격과 속도의 관계가 중요해진다. 이때 그 관계를 계산할 때 미분이 등장한다

화창한 어느 일요일, 철수의 가족은 바다에 놀러 가기 위해 아버지가 운전하는 차에 몸을 실었다. 가족들은 해변에서 어머니가 직접 만든 도시락을 먹으려 했지만, 가는 길에 고속도로에서 정체가 발생하여 저녁이 다 되어서야 바다에 도착하고 말았다.

우리는 먼 장소까지 이동할 때 자동차를 많이 이용한다. 자동차는 도보나 자전거에 비해 매우 빠르며, 열차가 지나가지 않는 장소도 길만 있으면 갈 수 있는, 매우 편리한 이동 수단이다.

그러나 자동차로 고속도로를 이용할 때는 차가 막힐 가능성도 고려해야만 한다. 교통체증은 교통사고 등 다양한 요인으로 인해 매우 많은 양의 차로 도로가 꽉 막히는 현상을 말한다. 정체에 갇혀버리면 자동차의 속도가 현저하게 감소하고 엄청난 시간적 손실이 발생하며 예정에 차질이 빚어질 우려가 있다.

그렇다면 애초에 교통체증은 어떻게 발생하는 것일까? 교통사고 등의 사정으로 도로가 좁아지면서 발생하기도 하지만, 아무 일도 일어나지 않았는데 생기는 경우도 종종 있다.

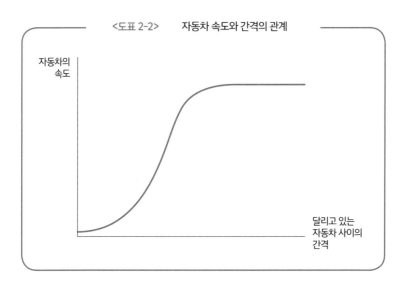

<도표 2-2>　　자동차 속도와 간격의 관계

자동차의
속도

달리고 있는
자동차 사이의
간격

　정체의 원인을 파악할 때는 자동차 사이의 간격과 속도의 관계가 중요해진다. 그리고 그 관계를 계산할 때, 미분이 등장한다.

　먼저 도로를 달리는 자동차가 어떠한 이유로 브레이크를 밟는다고 해보자. 이때 바로 뒤에 달리고 있던 자동차는 어떻게 반응할까? 앞의 자동차가 가까워지므로 당연히 앞차와 간격을 벌리기 위해 마찬가지로 브레이크를 밟을 것이다.

　여기에서 문제가 발생한다. 자동차 사이의 간격이 너무 가까우면 운전자의 반응이 늦어져 앞차보다 더욱 세게 브레이크를 밟게 된다. 그러면 그 뒤의 자동차는 더 세게 브레이크를 밟게 되고, 이를 몇 대의 자동차가 연이어 계속하면 결국엔 나가지 못하는 자동차가 생기게 된다. 이것이 교통체증이 발생하는 원인이다. 아무 이유 없는 한 번의 브레이크가 자동차 수백 대의 정체를 일으키는 원인이 될 수도 있는 것이다.

그렇다면 교통체증을 피하려면 어떻게 해야 할까? 앞서 서술한 것처럼 정체는 자동차 사이의 간격이 좁을수록 발생하기 쉽다. 교통량이 많은 일요일이나 연휴가 끝나는 날 등은 꽉 막힌 도로에 갇힐 가능성이 높다. 그러므로 그런 시간대를 피해 이동하는 것이 하나의 대책이 될 수 있다. 쾌적한 드라이브를 즐기기 위해서라도 당일의 정체 상황을 꼼꼼하게 살피도록 하자.

철수는 고속도로가 꽉 막히는 바람에 어머니가 만든 도시락도 차 안에서 먹게 되었지만, 덕분에 차 안에서 부모님과 많은 이야기를 나눌 수 있어 나름대로 즐겁고 의미 있는 시간이었다고 생각했다.

계산식

자동차 사이의 간격을 x, 자동차의 속도를 v, 자동차의 속도 변화를 $\dfrac{dv}{dt}$라고 가정한다.

만약 앞차와 멀리 떨어져 있다면, 자동차는 앞차를 따라가기 위해 속도를 올린다($\dfrac{dv}{dt} > 0$). 반대로 앞차에 점점 가까워지고 있다고 느낀다면 앞차와 간격을 벌리기 위해 브레이크를 밟는다($\dfrac{dv}{dt} < 0$).

07 지하철의 주행 거리는 적분으로 계산할 수 있다

지금까지 달려온 거리를 거듭거듭 쌓아 올려서, 출발한 후의 주행 거리를 구하는 이러한 행위를 적분이라고 한다.

철수가 지하철을 타고 대학교로 향하고 있었다. 지하철은 여느 날처럼 부드럽게 달리고 있었다. 그런데 갑자기 지진이 발생하여 열차가 급브레이크를 걸게 되었다. 그 후 잠시 동안 지하철은 안전 확인을 위해 다음 역까지 서행으로 운행했다.

지하철이 달린 거리는 '속도×시간'으로 구할 수 있다. 하지만 지하철 속도는 언제나 일정하지 않다. 출발과 함께 서서히 속도를 올리고, 일정 속도가 되면 그 상태를 유지한다.

이를 그래프로 나타내보자.

지하철이 빠른 속도로 달리고 있을 때는 높은 위치에 일정한 선이 그려지며, 지하철의 주행에 어떠한 방해가 없다면 그 가로선이 계속 이어진다. 그러나 지진과 같은 사고가 발생한 경우, 열차는 갑작스럽게 브레이크가 걸려 급정지를 하게 된다. 이때 그래프는 갑자기 뚝 떨어져 '0'이 된다.

지금까지의 상황을 그래프로 나타내면 마치 산과 같은 모양이 그려진다(〈도표 2-3〉 참고). 이때 그래프의 세로축은 속도, 가로축은 시간을 가리킨다.

그렇다면 지하철이 달린 거리는 어떻게 구할 수 있을까? 지하철이 달린 거리는 주행하는 동안 만든 산 모양의 면적의 합계로 구할 수 있다.

'지금까지 달려온 거리를 거듭 쌓아 올려, 출발한 후의 주행 거리를 구하는' 행위를 적분이라고 한다. **적분(積分)이란 이름 그대로 '나누어 쌓는' 것이 기본이다.** 특히 〈도표 2-3〉 그래프와 같이 곡선 모양의 도형은 삼각형처럼 면적을 구하는 명확한 공식이 존재하지 않는다. 바로 이때가 적분이 등장할 차례다.

철수가 탄 지하철은 지진 때문에 중간에 한 번 멈췄기 때문에, 큰 산과 그 뒤로 작은 산이 만들어졌다. 이 두 산의 면적의 합계가 바로 역 사이의 거리가 된다.

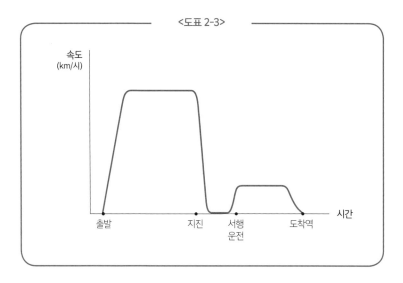

<도표 2-3>

이렇게 적분 개념과 '지하철의 이동 거리＝속도×시간'이라는 식을 조합해보자. 그러면 '얼마의 시속으로 얼마나 달렸는가?'를 알 수 있으므로 지하철의 정확한 이동 거리를 구할 수 있다.

이러한 개념은 지하철뿐만 아니라 자전거나 로켓 등 다양한 탈 것에 응용할 수 있다. 속도의 시간에 관한 문제는 대학을 비롯한 여러 입시 문제에서도 다양한 형식으로 출제되고 있다. 여기에서 **중요한 것은 '입시 문제로 자주 등장하기 때문에 필요'한 것이 아니라 '실생활에서 필요한 그래프이므로 입시에도 자주 등장한다'라고 생각해야 한다는 점이다.**

그렇다면 이러한 그래프를 그리는 이유는 무엇일까? 답은 매우 간단하다. 만약 지하철이 계산보다 10m 더 달린다면, 오버런(over run)이 발생하여 승객이 승차나 하차를 할 수 없다. 이는 자칫 잘못하면 사고가 발생할 위험마저 있으므로, 이를 방지하기 위해 정확한 주행 거리를 파악할 필요가 있는 것이다.

계산식

지하철의 속도를 $f(t)$라고 한다(t는 시간).

출발 시각을 a, 정차 시각을 b라고 할 때 구하고 싶은 도형의 면적은 $\int_a^b f(t)dt$라고 쓸 수 있다. 만약 도중에 열차가 급정차한 경우, 급정차한 시간을 c라고 할 때, 급정차할 때까지 움직인 거리는 $\int_a^c f(t)dt$, 다시 출발한 후 운행한 거리는 $\int_c^b f(t)dt$이므로 역 사이의 거리는 $\int_a^c f(t)dt + \int_c^b f(t)dt$라고 할 수 있다.

정해진 속도와 시간으로 실수 없이 역에 도착하기 위하여 기관사는 거듭된 훈련을 통해 가속과 감속의 타이밍을 파악한다. 우리가 평소에 안전하게 지하철을 탈 수 있는 이유는, 그 이면에 적분이 존재하고 있기 때문이다.

08

프린터는 적분의 사고로 탄생했다?

스캐너에는 긴 막대 모양의 판독 장치가 있는데, 판독 장치가 전체 데이터를 조금씩 읽어서 데이터가 무수히 이어지면 하나의 사진이 된다.

철수는 교수님께 리포트를 제출해야 하는 과제가 생겼다. 그러나 리포트는 손으로 직접 작성한 것을 PDF 파일로 변환하여 교수님께 보내야만 했다. 그래서 작성을 완료한 리포트를 집에 있는 프린터로 스캔하기로 했다. 다양한 기능이 있는 철수의 복사기는 출력 이외에도 복사나 스캔을 할 수 있다.

그런데 스캐너나 복사기는 어떻게 사진 찍듯이 서류를 그대로 옮길 수 있을까? 그것은 문자나 사진을 읽어 들이고, 데이터로 보존하는 기능을 갖추고 있기 때문이다. 그렇다면 어떻게 문자나 사진을 읽어 들이는 것일까?

우선 데이터를 인식하기 위해 전체적으로 레이저 빛을 비춘다. 그리고 서류에 반사된 레이저 빛의 상태를 판독함으로써 스캔이 이루어진다. 문자가 빛의 반사를 방해하기 때문에 문자가 써진 부분은 반사되는 레이저 빛이 약해지는데, 이렇게 레이저 빛이 약한 부분에 잉크를 묻힘으로써 서류를 그대로 읽어 들일 수 있는 것이다.

또한 프린터나 복사기의 판독 장치는 막대와 같은 모양을 하고 있

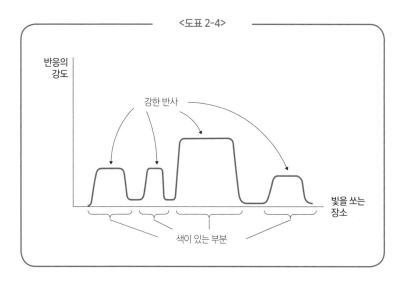

<도표 2-4>

반응의
강도

강한 반사

빛을 쏘는
장소

색이 있는 부분

다. 그렇기 때문에 한 번의 판독으로는 막대 모양의 세로로 긴 데이터밖에 얻을 수 없다. 그래서 판독 장치를 움직여 전체 데이터를 조금씩 읽어 들인다. 세로로 긴 형태의 판독 데이터가 무수히 이어지면서 하나의 사진이 완성되는 것이다.

이처럼 정보를 조합하는 사고방식도 적분이라고 말할 수 있다. 세로로 긴 사진에서 색이 있는 부분의 비율을 파악하고, 어떤 색의 잉크를 얼마나 사용해야 하는지 계산하는 것이다. 예를 들어 전체 면적에서 빨강이 몇 퍼센트, 파랑이 몇 퍼센트 등에 따라 스캔 혹은 복사하는 것이다(〈도표 2-4〉 참고).

흑백 복사의 경우를 생각해보자. 색의 농도를 세로축, 복사하는 부분을 가로 폭과 깊이로 하는 어떤 그래프가 있다. 만약 새하얀 종이를 복사한다면, 이 경우 잉크는 사용하지 않으므로 그래프는 그대로

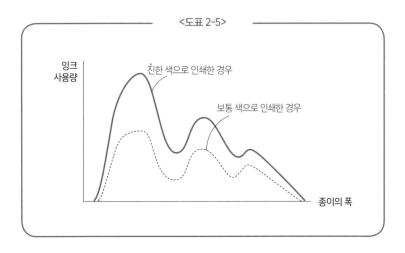

<도표 2-5>

잉크
사용량

진한 색으로 인쇄한 경우

보통 색으로 인쇄한 경우

종이의 폭

0%다. 그러나 새까만 종이를 복사한다면 종이 전체에 검은색 잉크를 진하게 사용한다. 다시 말해 그래프는 계속 100% 가까이에 있는 것이다.

리포트가 조금 연하게 스캔 되어 읽기가 어려웠으므로, 철수는 조금 더 진하게 스캔하는 설정으로 변경했다. 더욱 진하게 하기 위해서

계산식

검은색의 농도를 $f(x, y)$라고 표시한다(x는 가로 폭, y는 깊이).

x의 범위를 a와 b, y의 범위를 c와 d라고 하면, 인쇄에 필요한 검은색 잉크의 양을 $\int_c^d \int_a^b f(x, y)dx \ dy$라고 쓸 수 있다.

색을 진하게 했을 때($f(x, y)$를 크게 했을 때), 사용하는 검은색 잉크의 양도 증가한다($\int_c^d \int_a^b f(x, y)dx \ dy$가 커진다).

는 더 많은 잉크가 필요하므로 사용하는 잉크의 양이 증가한다. 그렇기 때문에 적분 그래프에서도, 색이 진한 서류가 연한 서류보다 종이의 각 부분에서 잉크 사용량이 상회하는 것이다(〈도표 2-5〉 참고).

색이 진해진 철수의 리포트는 이제 글자가 더 또렷하게 보이게 되었다.

09

화장품과 아름다움의 수준은 미분과 적분으로 설명할 수 있다

매일매일 화장 고치기를 거듭하다 보면, 미세 조정을 반복하며 점차 아름다워질 것이다. 그렇기 때문에 이 현상을 미분과 적분으로 설명할 수 있다.

철수가 사촌 여동생인 영희에게 화장품과 미분·적분의 관계에 관해 설명하고 있다.

"나는 화장을 한 적은 없어. 하지만 화장을 미분·적분으로 설명할 수는 있지. 사람은 예뻐지기 위해 화장을 하잖아? 그건 현재 '자신의 아름다움의 수준'이라는 수치를 향상하기 위해 노력한다는 말로 다르게 표현할 수 있어."

그렇다면 이 '아름다움의 수준'을 수치화해보자.

아름다움의 수준은 사람에 따라 그 기준이 모두 다르므로 여기에서는 어디까지나 개인의 감각, 다시 말해 화장을 하는 사람이 자기 얼굴을 거울로 보고 느낀 아름다움의 정도라고 하자.

우선 아름다움의 수준을 측정하기 위해 화장을 하지 않은 민낯 상태를 0(제로)이라고 하자. 그보다 예뻐진다면 플러스, 피부 상태가 조금 나빠지는 등의 이유로 자신감을 잃었을 때는 마이너스가 된다. 이 수치를 어떻게 향상시킬 것인가? 바로 여기가 화장 실력을 발휘해야 하는 부분인 것이다.

'화장'이라는 한 단어로 표현했지만, 사실 매우 다양한 화장법이 있을 것이다.

예를 들어 눈꼬리에 생긴 미세한 잔주름이 신경 쓰인다고 가정하자. 이러한 경우 잔주름을 가리고 싶어 그 부분을 중점적으로 화장하게 되지 않을까?

잔주름 하나하나를 정성스럽게 가릴 때마다 아름다움의 수준은 조금씩 향상된다. 신경이 쓰이는 부분은 곧 마이너스인 부분이므로, 그를 제거하면 아름다움의 수준은 올라갈 것이다.

다만 화장을 하면 할수록 반드시 아름다워진다고는 말할 수 없다. 두꺼운 화장으로 오히려 이상해지거나, 립스틱이 삐져나오는 경우도 있다. 화장하는 방법에 따라 오히려 아름다움의 수준을 해치기도 하는 것이다. 이렇게 아름다움의 수준이 하락하는 것도 계산으로 구할 수 있다.

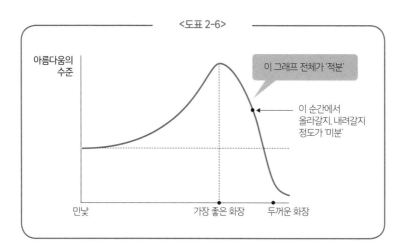

<도표 2-6>

아름다움의 수준

이 그래프 전체가 '적분'

이 순간에서 올라갈지, 내려갈지 정도가 '미분'

민낯　　가장 좋은 화장　　두꺼운 화장

화장으로 조금씩 아름다움의 수준을 조정한 후, '결과적으로 얼마나 아름다워졌는가'는 적분으로 계산할 수 있다.

이것은 '사소하게 화장을 계속 고침으로써 과연 외모에 얼마나 변화가 일어났을까'를, 세로축이 아름다움의 수준, 가로축이 시간인 그래프에서 보여주고 있기 때문이다(《도표 2-6》 참고). 또한 그래프에서 '자신의 외모가 가장 아름다운 상태는 언제일까'도 알 수 있다. 그래프의 정점에 해당하는 부분이 가장 아름다운 상태라고 말할 수 있는 것이다.

또한 지금까지의 변화를 쌓아 그래프로 그린 것이 적분이므로, 적분은 '지금까지 해온 화장의 역사'라고도 말할 수 있다. 어쩌면 누군가는 머릿속에서 그래프를 만들어 앞으로 얼마나 아름다움을 향상시킬 수 있는지 연구하고 있을지도 모른다.

반면에 미분은 매일 하는 화장의 확인과 같다고 할 수 있다. '화장하는 그 순간, 아름다움의 수준은 어떻게 변화하였는가?'라는 한 시점에서의

계산식

아름다움의 수준을 $f(x)$, 화장의 효과를 $\dfrac{df}{dx}$ 라고 한다(x는 화장의 두께).

$x = 0$일 때가 화장을 하지 않은 민낯 상태이다.

$\dfrac{df}{dx} > 0$일 때는 화장할수록 예뻐지며, $\dfrac{df}{dx} < 0$일 때는 화장할수록 이상해진다.

x가 매우 크다면 $f(x) < f(0)$가 된다. 이는 두꺼운 화장을 가리킨다.

순간적인 변화를 계산하는 것이다.

아마 화장하는 사람은 매일매일 화장 고치기를 거듭하고 미세 조정을 반복하며 점차 아름다워지리라 생각한다. 그렇기 때문에 이러한 현상을 미분과 적분으로 설명할 수 있는 것이다.

10

적분으로 충치의 진행을 알 수 있다

식사의 찌꺼기가 이에 계속 쌓이게 되면, 결과적으로 충치가 발생할 위험성이 높아지지 않을까?
여기서 쌓인다는 것이 바로 적분이다.

오늘 영희가 갑자기 "이가 아프다"라며 볼을 감싸 쥐었다. 달콤한 음식을 너무 좋아하는 영희는 간식 시간 이외에도 계속 과자나 주스를 찾는다. 심지어 학교에 있는 동안에도 쉬는 시간에 사탕이나 초콜릿을 먹었다고 한다. 어쩌면 영희에게 충치가 생겨버린 것일지도 모르겠다.

이를 꼼꼼하게 닦지 않고 계속 먹기만 하면 이에는 점점 찌꺼기가 쌓인다. 오염 물질이 쌓이면 입 안에 잡균이 번식하면서 충치 세균이 증가한다. 물론 이를 닦을 때마다 찌꺼기는 제거되며, 이는 타액에 의해서도 조금은 복원된다고 한다. 하지만 너무 찌꺼기가 많으면 복원하는 속도가 그를 따라가지 못해 결국 충치로 변해버릴 가능성이 있는 것이다.

다시 말해 식사의 찌꺼기가 이에 계속 쌓이게 되면, 결과적으로 충치가 발생할 위험성이 높아지는 것이 아닐까? 이렇게 '쌓이다'라는 사고방식이 바로 적분이다. 가로축을 시간, 세로축을 이에 붙은 찌꺼기의 양으로 하여 하루의 그래프를 그리면, 올바르지 않은 식생활 때

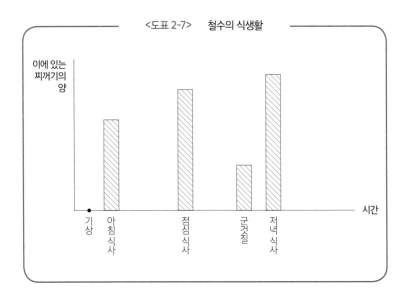

<도표 2-7>　철수의 식생활

이에 있는
찌꺼기의
양

시간

기상　아침식사　점심식사　군것질　저녁식사

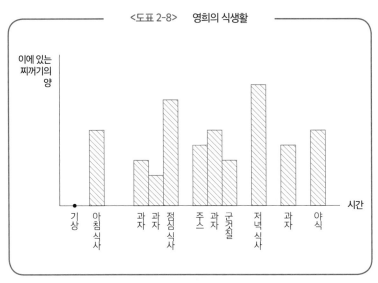

<도표 2-8>　영희의 식생활

이에 있는
찌꺼기의
양

시간

기상　아침식사　과자　과자　점심식사　주스　과자　군것질　저녁식사　과자　야식

*그래프의 면적이 클수록 쉽게 찌꺼기가 쌓인다(충치가 생기기 쉽다).

문에 이에 찌꺼기가 쌓이는 모양을 이해하기 쉽게 이미지화할 수 있다. 그래프에서 면적이 크면 클수록 많은 찌꺼기가 모여 충치의 위험성이 커진다고 할 수 있다.

이처럼 충치의 원인을 알면 충치가 생기지 않도록 하는 대책을 세울 수도 있지 않을까? 양치질을 까먹으면 이에 찌꺼기가 쌓이면서 충치뿐만 아니라 잇몸병이나 치석까지 생길 위험성이 있을지도 모른다. 군것질을 참지 못하고 절제 없이 먹다 보면 입 안은 더러운 상태가 지속된다. 규칙적인 식생활을 하고 군것질을 삼가면, 입 안을 깨끗하게 유지하기 위한 충분한 시간을 얻을 수 있을 것이다.

계산식

시간 t 일 때, 두 사람의 이에 찌꺼기가 쌓이는 속도를 다음과 같이 정의한다.

$f_1(t)$ (올바른 식생활을 하는 사람)

$f_2(t)$ (올바르지 않은 식생활을 하는 사람)

t 의 범위가 a (기상)에서 b (취침)까지의 하루라고 한다면,

두 사람에게 하루 동안 쌓이는 이의 찌꺼기의 양은 $\int_a^b f_1(x)dx$, $\int_a^b f_2(x)dx$ 로 나타낼 수 있다. 한 번의 식사 후에 생긴 찌꺼기의 양은 두 사람이 동일하지만, 올바르지 않은 식생활을 하는 사람은 식사 횟수, 군것질 횟수가 올바른 식생활을 하는 사람보다 많기 때문에 이에 더 많은 찌꺼기가 쌓인다 ($\int_a^b f_1(x)dx < \int_a^b f_2(x)dx$ 로 나타낸다). 따라서 더 충치가 생기기 쉽다.

철수는 영희에게 앞으로 충치가 생기지 않도록 꼼꼼히 이를 닦고 정해진 시간에 식사할 것을 제안했다. 그에 영희는 알았다고 대답했지만, 철수는 여전히 걱정스러웠다. 영희가 군것질의 유혹에 넘어가지 않기를 바랄 뿐이다.

11

근력 운동으로 이상적인 몸매를
언제 완성할 수 있는지는 미분으로 알 수 있다

근력 운동 기간이 길수록 근육의 양은 증가한다. 근육량이 최대치에 도달하면 근육은 더 이상 증가하지 않기 때문에 그래프는 그 자리에 머물게 된다.

체력을 키우고 싶거나 건강해지고 싶어 근력 운동을 시작하는 사람이 있다. 근력 운동을 시작하면 조금씩 근육이 붙는다.

예를 들어 복근 운동을 한다면 주로 배에 자극을 주어 단련할 수 있다. 이를 끈기 있게 지속하면 복근이 단단해지고 갈라지기 시작하며, 거기에 더 노력하면 식스팩이라는, 정확하게 6등분으로 갈라지는 아름다운 선이 나타난다.

근력 운동은 꽤 시간이 필요한 운동이다. 시작하자마자 바로 효과가 나타나지 않는다.

실제로 운동을 시작하고 약 3개월 후부터 근육이 생기기 시작한다고 한다. 자극받은 근육은, 그만큼 피로에서 회복하려는 힘이 강해진다. 근력 운동을 하면 그 자극으로 근육이 성장하는 것이다. 그러나 과도한 운동은 바로 회복할 수 없을 만큼의 충격이 가해지기 때문에 주의가 필요하다. 또한 너무 오랫동안 몸을 편하게 하면, 몸은 '이 근육은 사용하지 않는 근육'이라고 간주하여 결국 근력이 약해지게 된다.

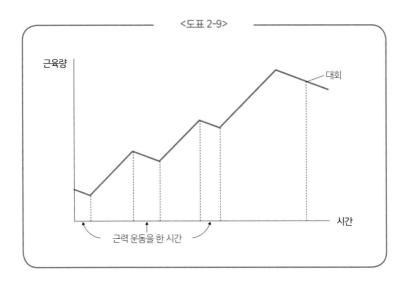

<도표 2-9>

근육량

대회

시간

근력 운동을 한 시간

그렇다면 복부 비만을 어떻게든 벗어나고 싶은 A의 근육으로 설명을 해보겠다.

A는 오랜 기간 운동을 하지 않고, 좋아하는 과자 등을 먹으며 좋지 않은 생활을 보내고 있다. 그러자 배에 불필요한 군살이 엄청나게 생겨버렸다. 그러다 보니 옷이 점점 작아져, 입을 수 있는 옷이 많이 없었다.

그래서 마음을 굳게 먹고 근력 운동을 하며 다이어트를 하기로 결심했다. A는 매일 아침저녁으로 복근 운동을 계속했다. A는 어떻게 됐을까? 조금씩 뱃살이 줄어들면서 드디어 복근의 존재를 또렷하게 느낄 수 있게 되었다.

근력 운동에 푹 빠진 A는 체육관에 등록하여 운동에 더욱 열심히 몰두했다. 그러다 보니 아마추어 보디빌딩 대회까지 나가게 되었는데, 안타깝게도 대회 입상에는 실패했다. 그 후 갑작스럽게 운동에 흥미를 잃은 A는 운동을 게을리하게 되면서 결국 근육이 빠져버리고 말았다.

A의 근육량이 어떻게 변화했는지는 근육량을 세로축으로, 경과 시간을 가로축으로 하는 미분 그래프로 설명할 수 있다. 〈도표 2-9〉를 보자.

근력 운동을 한 기간이 길면 길수록 근육의 양은 증가한다. 그리고 근육량이 최대치에 도달하면 근육은 더 이상 증가하지 않기 때문에 그래프는 그 자리에 머물게 된다. 그리고 운동을 소홀히 하면 근육의 양은 점점 감소할 것이다.

계산식

근력 운동을 시작한 이후의 시간을 t, 현재 근력을 $f(t)$라고 한다면 근력의 향상은 $\dfrac{df}{dx}$라는 함수로 나타낼 수 있다.

예를 들어 근력 운동 중인 근육은 피로로 인해 근력이 감소하므로 $\dfrac{df}{dx}$는 마이너스($\dfrac{df}{dx} < 0$)이다.

또한 근력 운동 이후 근육이 회복하면서 근력이 향상되기 때문에 $\dfrac{df}{dx}$는 플러스($\dfrac{df}{dx} > 0$)이다.

근력 운동을 게을리한 근육은 근력의 유지를 멈추고 쇠약해지므로 $\dfrac{df}{dx}$는 마이너스가 된다($\dfrac{df}{dx} < 0$).

반면에 근력 운동 직후를 제외하면, 아무리 운동을 소홀히 하더라도 근력 운동을 시작하기 전보다 근력이 떨어지는 일은 없다($f(x) < f(0)$).

12

적분으로 가까운 사람의
'스트레스 수치'를 알 수 있다

누군가의 기분은 그동안의 크고 작은 여러 스트레스가 쌓인 합계, 즉 적분으로 생각할 수 있다.
스트레스 양의 변화 수준을 그래프로 그릴 수도 있다.

어느 날 철수가 집에 돌아오자, 어머니가 매우 화가 나 있는 상태였다. 그 이유를 묻자 어머니가 학교 학부모회에서 귀찮은 역할을 떠맡게 되었다는 것이었다. 자신은 불가능하다고 말하며 기분이 좋지 않아 보이는 어머니는 저녁 식사를 준비할 기분이 아니라며 방으로 들어가 버렸다.

게다가 아버지가 술에 취해 집에 들어와, 화가 머리끝까지 난 어머니는 "과음하지 말라고 했잖아!"라며 공격의 화살을 아버지에게 돌리고 말았다. 괜히 불똥이 튈 것 같은 느낌을 받은 철수는 조용히 자신의 방으로 들어왔다.

철수의 어머니가 분노한 이유는 무엇일까? 바로 어머니가 안고 있는 스트레스가 원인이다.

스트레스의 양은 하루하루의 사건에 의해 조금씩 변동한다.

철수 어머니의 사례를 보자. 어머니가 기분이 나빠진 데는 몇 가지 요인이 있다. 예를 들어 아버지의 귀가가 늦어지거나, 자주 사용하는 세제의 가격이 올랐을 때 순간 욱하는 기분이 든다. 그리고 아버지의

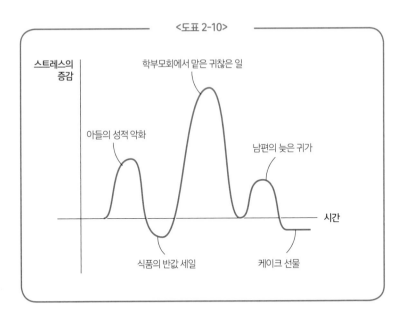

<도표 2-10>

스트레스의 증감

학부모회에서 맡은 귀찮은 일

아들의 성적 악화

남편의 늦은 귀가

시간

식품의 반값 세일

케이크 선물

월급이 줄어들거나 철수의 성적이 떨어졌을 때, 어머니의 화는 치밀어 오른다.

이렇게 짜증이 쌓이다가 이윽고 폭발하면 주변 사람들에게 마구 쏘아붙이게 되는 것이다.

어머니가 폭발하면 아버지나 철수는 어머니의 기분이 나아질 때까지 각별히 신경 써서 생활해야만 한다. 슬슬 괜찮다는 생각이 들면 슬쩍 말을 걸며 상황을 살피러 나갈 것이다.

이러한 어머니의 기분은 그동안의 크고 작은 여러 스트레스가 쌓인 합계, 즉 적분으로 생각할 수 있다. 왜냐하면 스트레스에는 '계속 쌓이면 언젠가 폭발한다'라는 성질이 있기 때문이다. 가로축을 시간, 세로축을 스트레스 양의 변화 수준으로 하는 그래프를 생각해보자.

〈도표 2-10〉을 보자. 예를 들어 어머니에게 불쾌한 일이 있을 때는 짜증이 증가하므로 그래프는 플러스 값을 갖는다. 반대로 어머니의 기분이 좋아지는 일이 있다면 짜증은 감소하므로 마이너스 값을 갖게 될 것이다.

이때 현재 쌓여 있는 스트레스의 양은 '그래프의 플러스인 부분 면적과 마이너스인 부분 면적의 차'로 생각할 수 있다. 오랜 기간 큰 스트레스를 계속 끌어안고 있으면, 그것이 쌓이다가 어머니의 허용 수준을 초과하면 감정이 폭발하게 되는 것이다.

그래프에 의하면 스트레스가 증가한 가장 큰 요인은 '학부모회의 일'이다. 하지만 실제 어머니가 폭발한 요인은 철수의 아버지인 남편의 귀가가 늦어졌을 때다. 이것은 그때까지 축적된 스트레스의 양이 한계치를 초과하였기 때문이다. 가끔씩 식품의 반값 세일 등으로 스트레스의 양이 약간 감소하였지만, 그것만으로는 모든 스트레스를 해소할 수 없었다.

지나친 스트레스를 무리하게 계속 쌓지 않고, 현명하게 발산할 수 있는 상황을 만든다면 스트레스는 감소할 것이다.

어머니가 폭발한 다음 날, 아버지는 어머니가 가장 좋아하는 케이크를 사서 귀가했다. 어머니는 환한 표정으로 매우 기뻐했다. 그 순간 어머니의 스트레스 수치는 눈에 띄게 하락하였으며, 철수의 집은 평화를 되찾을 수 있었다.

시간 t 일 때 스트레스의 증가 기세를 $f_1(t)$, 줄어드는 스트레스의 감소 정도를 $f_2(t)$라고 한다.

만약 t 의 범위가 a (1개월 전)부터 b (현재)까지라고 한다면, 한 달 동안 어머니가 받은 스트레스의 양과 감소하는 스트레스의 양은 각각 $\int_a^b f_1(x)dx$, $\int_a^b f_2(x)dx$ 로 나타낼 수 있다.

이때 한 달 동안 쌓인 스트레스의 양은 $\int_a^b f_1(x)dx - \int_a^b f_2(x)dx$ 라고 쓰는데, 이 값이 커지면 결국 감정이 폭발하게 된다.

스트레스가 증가하는 원인을 줄이면 $f_1(t)$ 는 작아지며 $\int_a^b f_1(x)dx$ 도 감소한다. 즉, $\int_a^b f_1(x)dx - \int_a^b f_2(x)dx$ 또한 작아진다.

13

포털사이트의 '웹 검색'은
미분적인 사고방식에 근거한다

포털사이트의 가장 기본이자 중요한 기능은 검색이다. 검색을 했을 때 필요한 정보가 많이 나올수록 좋은 검색 엔진이라고 할 수 있다.

영희는 고등학교 입시에서 좋은 점수를 받을 수 있는 공부 방법을 찾고 있다. 인터넷에 '고교 입시 영어 공부법'이라고 검색하니 엄청난 숫자의 검색 결과가 나왔다.

인터넷 검색에는 '정확률(precision ratio)'이라는 개념이 있다. '정확률'이란 어떤 키워드를 입력했을 때 나오는 검색 결과 가운데 필요한 정보가 포함된 비율을 의미한다. 하지만 모든 정보가 영희가 찾고 있는 정보라고 말할 수 없다. 그렇다면 정확률이 높은 사이트가 과연 편리한 검색 사이트라고 말할 수 있을까?

답은 'NO'이다. 예를 들어 검색 결과가 하나밖에 나오지 않은 경우, 그 결과가 필요한 정보라면 정확률은 100%다. 하지만 반드시 영희가 꼭 필요로 하는 정보를 망라하고 있다고 말할 수 없을지도 모른다. 정확률이 높아도 정보량이 적다면 편리하다고 말할 수 없는 것이다.

또 다른 개념으로 '재현율(recall ratio)'이 있다. '재현율'은 '필요로 하는 정보 가운데 어느 정도의 비율이 표시되고 있는가?'를 나타내는 수치다. 재현율이 높으면 높을수록 필요한 정보가 많이 포함되어 있다고 말할 수 있다. 다시 말해 정확률과 재현율이 모두 높은 것이 좋은 사이트라고 할 수 있다.

수많은 검색 결과 중에는 영어 학교나 영어 학습지 등의 광고가 포함되어 있었으며, 그 광고 이후에 영희가 찾고 있던 정보가 나왔다. 검색 엔진이 광고 수입으로 운영되므로 이는 어쩔 수 없으며, 어쨌든 영희에게 도움이 되는 정보를 손에 넣을 수 있었다.

검색 엔진에서는 '어느 정도의 검색 결과를 표시해야 좋은 검색 사이트가 되는지'를 판단하는 데 미분을 사용한다. 예를 들어 검색 결과를 적게 하면 정확률은 올라갈지 모르지만, 재현율이 떨어지는 위험성이 있다. 반대로 검색 결과를 늘리면 이번에는 정확률은 떨어질 위험성이 있

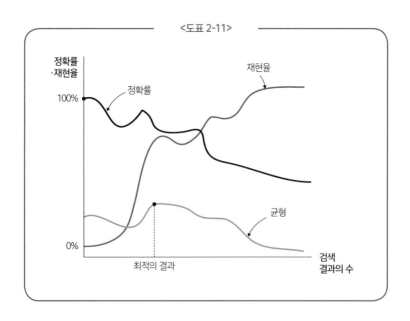

<도표 2-11>

지만 재현율은 올라갈지도 모른다(〈도표 2-11〉 참고). 다시 말해 사용자에게 가장 적합한 결과가 도출되도록 방대한 계산이 빠르게 이루어져 검색 결과가 표시되는 것이다.

영희가 검색했을 때 나오는 게시물 수는 엄청나게 많았지만, 원하는 정보를 얻을 수 있었다. 그렇기 때문에 영희가 사용한 검색 사이트는 신뢰할 만한 사이트라고 할 수 있다.

계산식

정확률과 재현율의 균형을 $f(x)$라고 하며(x는 검색하여 나온 게시물 수), 균형의 변화를 $\frac{df}{dx}$라고 한다.

최적의 값부터 x를 증가시키면 $\frac{df}{dx}$는 마이너스($\frac{df}{dx} < 0$)가 되며, x를 감소시키면 플러스($\frac{df}{dx} > 0$)가 된다.

정확률이 높을수록 좋은 검색 결과는 적어지며, 재현율이 높을수록 좋은 검색 결과가 많아진다.

14

내가 저금한 돈의 몇 년 후 금액은 미분으로 알 수 있다

우리가 은행에 꾸준히 돈을 저금하는 것을 시작하면, 금액은 시간이 지나면서 변화한다. 이것은 미분으로 나타낼 수 있다.

새해가 되어 철수와 영희는 세뱃돈을 받았다. 영희는 세뱃돈으로 새해 맞이 랜덤박스를 구매하는 데 바로 사용했지만, 철수는 세뱃돈을 저금했다. 철수는 이렇게 매년 세뱃돈을 사용하지 않고 저금하고 있다.

영희의 낭비벽은 세뱃돈뿐만이 아니다. 용돈을 받을 때마다 바로 옷이나 과자를 구매해버린다. 반면에 철수는 주 1회, 친구와 먹는 식사비 정도밖에 용돈을 사용하지 않는다. 두 사람이 저금하는 금액의 차는 계속해서 벌어지고 있는 것이다.

그렇다면 철수가 돈을 저금하는 이유는 무엇일까? 다른 목적이 있는 것일까?

사실 철수는 언젠가 라멘 가게 사장님이 되어 매일 라멘을 공짜로 먹는 생활을 꿈꾸고 있다.

그러던 어느 날 영희에게도 '아이돌'이라는 꿈이 생겼다. 소속사에서 레슨을 받기 위해서는 돈이 필요하여, 영희는 그를 위해 돈을 저금해야만 했다.

영희는 철수에게 효율적인 저금 방법을 물어보았다. 철수는 "돈을 모으는 방법은 간단해. 사용하지 않으면 돼"라고 대답했다. 확실히 맞는 말이긴 하지만 그 방법으로는 몇 년이 걸릴지 모른다.

그러자 철수는 "돈을 빨리 모으고 싶은 것이라면, 돈을 불리는 방법이 있지"라고 말했다. 이율이 높은 은행에 저금하거나 아르바이트를 하면 저금한 돈이 증가하는 속도가 빨라지는 것이다. 하지만 지금은 저금 이자가 그리 높지 않기 때문에 금방 돈이 모이지는 않을 것 같았다. 그래서 영희는 집에서 설거지를 도우며 추가로 용돈을 받기로 했다.

저금한 돈은 시간이 지나며 변화하기 때문에 미분으로 나타낼 수 있다. 하지만 어떻게 증가하는지는 저금하는 사람의 액수나 지출하는 금액에 따라 달라진다. 절약을 잘하는 사람은 저금이 금방 쌓일 것이고, 쉽게 충동구매를 하는 사람은 생각만큼 저금이 쉽게 늘어나지 않을 것이다.

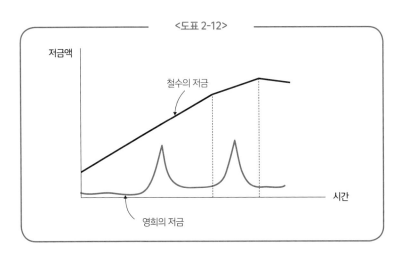
<도표 2-12>

저금액

철수의 저금

영희의 저금

시간

목표한 금액을 달성할 때까지 얼마나 걸리는지는 저금하는 금액의 증가 형태에 따라 결정되는데, 이를 확실하게 숫자로 나타내기 위해 미분을 사용한다. 가로축을 저금하는 데 걸린 시간, 세로축을 저금한 금액으로 하는 그래프를 생각해보자(〈도표 2-12〉 참고).

만약 매월 저금하는 금액이 증가한다면 그래프의 상승 기울기는 점점 급해지며, 매월 저금하는 금액이 감소한다면 그래프의 기울기는 점점 완만해진다. 그리고 만약 급하게 지출이 필요하여 저축에서 사용하는 경우, 그래프는 줄어든 금액만큼 수직으로 떨어진다.

영희처럼 사용처가 정해져 있는 경우, 목표한 금액을 달성하면 저금한 돈을 모두 사용해버리므로 그래프는 단숨에 0(제로)이 된다. 어디에 사용할지 결정되지 않은, 예를 들어 노후 자금 같은 경우 저금한 금액은 계속 그대로 증가하며, 퇴직한 이후 조금씩 감소할 것이다.

계산식

저금하는 데 걸린 시간을 t, 저금한 금액을 $f(t)$라고 하면 저금한 금액의 증가 형태는 $\dfrac{df}{dx}$라고 할 수 있다.

소비가 심할수록 $\dfrac{df}{dx}$는 마이너스 값이 되며($\dfrac{df}{dx} < 0$), 절약할수록 플러스 값이 된다($\dfrac{df}{dx} > 0$).

영희가 소비하는 금액을 줄인다면 $\dfrac{df}{dx}$가 증가하기 때문에, 그만큼 저금도 쉽게 증가한다.

15 식품의 유통 기한은 미분으로 알 수 있다

식품은 종류에 따라 부패 속도가 모두 다르다. 그래서 유통 기한이 다른데, 여기에 미분의 개념이 크게 작용한다.

철수의 아버지는 유통 기한이 지난 음식이 아깝다며 그것을 그냥 먹는 버릇이 있다.

건강한 위장이 자랑이었던 아버지는, 어느 날 냉장고에 있던 기한이 지난 명란 주먹밥을 발견했다. 명란젓의 색이 조금 옅어졌지만, 그래도 괜찮다고 생각해 그냥 먹었다. 그러다 결국 배탈이 나고 말았다. 자세히 보니 주먹밥 포장지에는 유통 기한이 아닌 소비 기한의 날짜가 새겨져 있었다.

식품의 품질 관리 기준에는 크게는 '소비 기간'과 '유통 기한'이 있다. 유통 기한은 '식품을 맛있게 먹을 수 있는 기한'을 말하며, 소비 기한은 '식품을 안전하게 먹을 수 있는 기한'을 가리킨다(본문의 예시는 일본의 경우다. 유럽과 일본 등에서는 '소비 기한' 표시제를 시행하고 있지만, 우리나라는 아직 시행 전이다. 2021년 8월에 '식품 등의 표시·광고에 관한 법률'이 개정되어, 2023년 1월 1일부터 '소비 기한 표시제'가 시행될 예정이다-옮긴이).

아버지는 두 가지 개념을 착각하여 소비 기한이 지난 명란 주먹밥

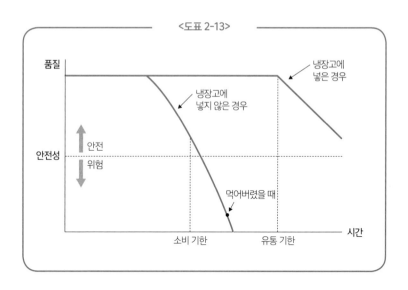

<도표 2-13>

을 '유통 기한이니 괜찮다'라고 생각하여 배탈이 나고 만 것이다.

이러한 두 가지 개념은 식품의 품질 상태가 아직 충분히 높다는 것을 나타내는 표시다. 식품은 생산된 이후 시간이 지나면서 부패하거나 맛이 변하는 등 품질이 떨어지는데, 기한을 정하기 위해서는 해당 상품의 품질이 얼마나 떨어지는지 확인해야 할 필요가 있다.

하지만 식품에 따라 소비 기한과 유통 기한을 구분해야 하는 이유는 무엇일까? 그 비밀은 식품의 품질이 떨어지는 상태의 차이에 있다. 며칠 만에 부패하는 식품과 몇 개월 동안 보존할 수 있는 식품은 요구되는 선도가 다르기 때문이다.

반면에 식품에 따라 부패 속도는 모두 다르다. 그러므로 장기 보존이 가능한지, 얼마나 쉽게 상하는지 정확하게 조사하여 용도에 맞게 기한을 설정해야 할 필요가 있다. 여기에 어떤 것의 변화를 조사하는 미분이 크게 도움이 된다.

식품의 품질을 세로축, 생산된 이후의 시간을 가로축으로 하는 그래프를 보면 더욱 쉽게 이해할 수 있다(《도표 2-13》 참고). 냉장고에 넣은 경우 유통 기한이 있는 식품의 품질이 천천히 떨어지며, 떨어지는 속도도 느리다는 것을 알 수 있다.

소비 기한과 유통 기한의 기준 차이를 확실하게 이해하면, 자칫 위험한 식품을 먹고 배탈이 나거나 무모하게 음식을 버리는 일도 줄어들 것이다.

철수의 아버지는 약을 먹은 후 무사히 회복하였지만, "앞으로 확실하게 표시를 확인해"라며 어머니에게 잔소리를 들었다고 한다.

계산식

식품 A의 품질을 $f_1(t)$(냉장고에 넣은 것), $f_2(t)$(냉장고에 넣지 않은 것)라고 하며, $f_1(t)$와 $f_2(t)$의 증감을 각각 $\dfrac{df_1}{dt}$, $\dfrac{df_2}{dt}$ 라고 한다(t 는 시간).

처음에는 어떠한 품질의 변화도 없다($\dfrac{df_1}{dt} = 0$, $\dfrac{df_2}{dt} = 0$).

그러나 시간이 지나면서 품질이 점차 떨어지며($\dfrac{df_1}{dt} < 0$, $\dfrac{df_2}{dt} < 0$),

냉장고에 넣으면 금방 부패하지 않는다($\dfrac{df_1}{dt} \geqq \dfrac{df_2}{dt}$).

조미료 사용을 미분으로 해보면
맛있는 요리가 만들어진다

사람마다 입맛이 다르다. 그러면 싱겁고 짠 것에 대한 기호도 다르기 때문에, 입맛이 다른 사람들끼리 식사할 때 이것은 중요한 문제가 된다.

어느 날 영희가 요리를 하고 있는데, 철수가 놀러 왔다. 아직 식사하지 않은 철수는 영희가 차려주는 식사를 함께하기로 했다.

요리는 사람마다 선호하는 맛이 각각 다르다. 예를 들어 짠맛의 경우 짭짤한 것을 좋아하는 사람이 있는 반면, 살짝 싱거운 것을 좋아하는 사람도 있다. 그리고 건강과 관련하여 소금기를 빼야만 하는 사람도 있다.

싱거운 맛을 좋아하는 사람은 적은 소금의 양으로도 만족하므로, 어느 이상 소금을 넣으면 음식에 대한 만족도가 떨어진다.

반면에 짭짤한 맛을 좋아하는 사람은 염분을 꽤 넣지 않으면 '싱겁다'라고 느낀다. 그의 만족도를 높이기 위해서는 소금의 양을 늘려야만 하는 것이다. 그러나 소금이 지나치게 많으면 역시 짜다는 느낌에 만족도가 떨어진다. 다시 말해 그 사람이 적절하다고 느끼는 수준으로 염분을 조정할 필요가 있는 것이다.

앞의 사례에서 철수는 싱거운 맛을 좋아하고, 영희는 짭짤한 맛을 좋아한다. 영희는 자신이 좋아하는 맛을 내기 위해 소금을 많이 넣으려고 했는데, 철수와 함께 식사해야 하므로 소금양을 약간 줄이기로 했다.

하지만 그렇게 되면 철수는 조금 짜게 느끼고 영희는 조금 싱겁게 느끼는, 어중간한 요리가 탄생하고 만다. 차라리 담백한 맛의 요리를 만들고 테이블에 소금을 따로 준비하여 필요한 사람만 소금을 사용하게 만드는 것이 좋을지도 모른다.

이때 적절한 염분의 양은 미분으로 나타낼 수 있다.

그러나 철수에게 적절한 수준과 영희에게 적절한 수준은 다르다.

이는 소금에만 해당하는 이야기가 아니다. 예를 들어 카레에는 여러 가지 매운맛 단계가 있다. 순한 맛을 좋아하는 사람도 있고, 아주 매운맛을 좋아하는 사람도 있다. 초밥도 고추냉이를 빼지 않으면 먹지 못하는 사람도 있고, 고추냉이를 듬뿍 넣고 싶어 하는 사람도 있다. 조미료마다 각각의 사람들이 좋아하는 포인트가 미묘하게 다른 것이다.

예를 들어 철수가 자주 찾는 라멘 가게에는 테이블 한쪽에 소금, 후추, 마늘, 간장, 고추기름, 고추, 깨 등이 놓여 있다. 그래서 자신이 좋아하는 대로 맛을 조절할 수 있다.

사람마다 선호하는 맛이 모두 다르므로 스스로 조절할 수 있게 하는 것이다.

사례로 들 수 있는 것은 조미료뿐만이 아니다. 라멘 가게 중에는

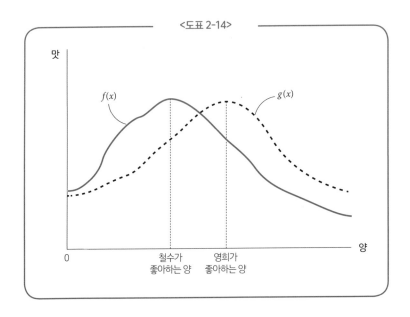

<도표 2-14>

면의 익힘 정도, 면의 두께, 면의 양, 기름의 양 등을 선택할 수 있는 곳도 있다.

　이러한 것을 바탕으로 세로축에는 자기 요리의 만족도, 가로축에는 조미료의 양을 두어, 자신이 좋아하는 맛을 나타내는 그래프를 그릴 수 있다(〈도표 2-14〉 참고). 라멘의 경우 그래프는 꽤 복잡하게 그려진다. 소금의 그래프뿐만 아니라 다른 조미료의 그래프도 그려야 하기 때문이다. 선호하는 양의 조미료를 각각 넣는다면 자신이 생각하는 최고의 맛을 완성할 수 있다.

계산식

요리의 조미료와 맛의 관계는 미분으로 설명할 수 있다.

예를 들어 소금의 양을 x, 철수가 느끼는 요리의 만족도를 $f(x)$, 영희가 느끼는 요리의 만족도를 $g(x)$라고 하자.

x가 작으면 $f(x) > g(x)$, x가 크면 $f(x) < g(x)$가 된다.

또 각각의 맛의 변화는 $\dfrac{df}{dx}$, $\dfrac{dg}{dx}$로 나타낼 수 있다.

철수가 느낀 맛을 예로 든다면, 다음과 같이 된다.

소금이 부족하다 ➡ x를 증가시키면 만족하므로 $\dfrac{df}{dx} > 0$

소금이 많다 ➡ x를 줄이면 만족하므로 $\dfrac{df}{dx} < 0$

딱 좋다 ➡ 어느 쪽에도 해당하지 않으므로 $\dfrac{df}{dx} = 0$

제 3 장

사회생활 속의

미분과 적분

17

짧은 시간에 정확하게
계량할 수 있는 것은 적분의 힘이다

사람의 손으로는 도저히 따라갈 수 없는 엄청난 양, 오랜 기간의 정보를 조사해야 하는 상황이
있다. 이때 미분·적분을 활용하면 힘을 덜 들이고 앞으로의 동향을 예측할 수 있다.

철수의 꿈은 언젠가 숲속에 사는 것이다.

살고 싶은 토지의 가격을 알기 위해서는 먼저 그 땅의 면적을 구할
필요가 있다. 하지만 철수가 살고 싶은 토지는 바위 등이 있는 숲속
이므로 정확한 정사각형이 되지 않을지도 모른다. 찌그러진 모양의
토지 면적을 측정하기 위해서는 어떻게 해야 할까?

토지 가격은 '공시지가' 등을 기준으로 정해진다. 기준이 되는 토
지 1m²당 가격에 토지 면적을 곱하면 토지 가격의 합계가 된다.

정사각형이나 직사각형의 토지라면 토지의 가로와 세로를 곱하여
간단히 가격을 구할 수 있다. 하지만 그렇지 않은, 부정형지라고 부르
는 복잡한 지형의 토지는 토지를 작게 나누어 각 면적을 구하고 그
합계를 더해 가격을 도출한다.

이렇게 '대상을 작게 나누고 합계를 도출하여 정확한 값을 구한다'
라는 것이 적분의 사고방식이다. **적분은 한 번의 계측으로 값을 구할 수 없
는 것에 대한 접근 방법이라고도 생각할 수 있다.**

또한 토지의 정확한 면적을 측정하는 방법으로 '측량'이 있다. 측

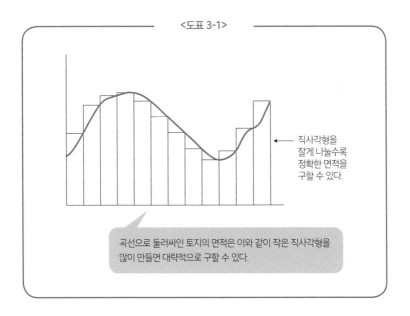

<도표 3-1>

직사각형을
잘게 나눌수록
정확한 면적을
구할 수 있다.

곡선으로 둘러싸인 토지의 면적은 이와 같이 작은 직사각형을
많이 만들면 대략적으로 구할 수 있다.

량은 정사각형이나 삼각형 등 면적을 쉽게 알 수 있는 토지를 측정하기 위해 사용하는 기술이다. 그러나 한 번의 측량만으로는 복잡한 지형의 면적을 구할 수 없다. 복잡한 지형의 토지는 측량을 몇 번이나 반복해야 하는데, 그러면 측량 비용이 높아진다.

복잡한 지형은 측량 비용이 발생하기 때문에 손해라고 생각할 수도 있다. 하지만 사실은 그렇지 않다. 일본은 부정형지의 면적을 도출하기 위해 나라에서 정한 보정률이라는 개념이 있는데, 이 보정률로 인해 평가가 최대 40%까지 낮아지는 사례가 있다. 이런 경우 낮은 가격에 넓은 토지를 구입할 수 있으며, 심지어 세금도 낮게 책정되기 때문에 이득을 보는 측면도 있다.

여기에서는 측량에 대해 다루고 있지만, 일반적인 도형 전반에 대해서도 적분의 사고방식을 활용할 수 있다. 예를 들어 동그란 케이크를 자를 때는 모든 조각을 같은 면적으로 나누는 것이 공평하다. 이때 우리는 아무 생각 없이 조각을 똑같이 나누는데, 바로 이 '아무 생각 없이'라는 감각일 때 뇌에서 재빠르게 각 조각의 대략적인 면적을 파악하고 있는 것이다.

그러나 겨울에 내리는 눈의 결정과 같이 복잡한 모양의 경우, 면적을 구하기가 매우 어렵다. 이런 경우에는 가능한 모양을 작게 나눔으로써 본래 면적에 가까운 숫자를 도출하는데, 이를 **구적법**이라고 부른다. 용도에 따라 면적의 정밀도도 바뀌는 것이다.

계산식

면적을 구하고 싶은 부분을 $f(x)$라고 나타낸다(x는 세로 폭).

x의 범위가 a부터 b까지라고 한다면, 구하고 싶은 부분의 면적은

$\int_a^b f(x)dx$라고 쓸 수 있다.

예를 들어 그 토지를 반으로 나누고 싶을 때는 a와 b의 사이에 점 c를 찍어

각 면적이 같아지도록($\int_a^c f(x)dx = \int_c^b f(x)dx$가 되도록) 한다면

면적을 반으로 나눌 수 있다.

18

화석의 연대는 미분으로 예측할 수 있다

반감기의 성질을 이용하면 화석의 연대를 측정하는 데 유용하다. 그리고 반감기를 계산할 때는 미분이 사용된다.

철수와 영희는 친척 삼촌에게 암모나이트 화석을 선물로 받았다.

화석을 처음 본 영희가 흥미로운 눈빛으로 "몇 년 전 화석이냐"고 묻자, 삼촌은 "아주 먼 옛날"이라고 대답했다.

철수는 화석에 흥미가 생겨서 조금 더 알아보기로 했다. 그렇게 조사하다 보니 화석이 몇 년 전에 만들어진 것인지 알아보는 방법이 있다는 사실을 깨닫게 되었다. 하지만 그 방법은 생물에만 적용할 수 있다고 했다.

암모나이트는 '두족류'에 속하는 생물이므로, 철수와 영희가 받은 화석이 언제 만들어졌는지 알 수 있을지도 몰랐다.

우리는 화석이 만들어진 당시를 직접 알 수는 없다. 하지만 오늘날에는 화석의 재질을 구체적으로 조사함으로써 그 화석이 어느 연대에 만들어졌는지를 알 수 있다.

연대를 알기 위해서는 화석에 포함된 탄소의 양을 조사해야 한다. 화석에는 주로 ^{12}C와 ^{14}C라는 두 종류의 탄소가 있는데, 이 둘은 질량의 차이로 구별한다.

그중에서 ^{14}C에는 매우 중요한 성질이 있다. 생물이 죽을 때는 어느 정도 일정한 양의 ^{14}C가 포함되어 있다. 이때 원자의 구조가 불안정한 탓에 시간이 지남에 따라 어느 특징적인 페이스(pace, 속도)로 감소한다는 것이다.

그 특징적인 페이스는 '지수 관계'라고 불리며, 물질의 양이 반감할 때까지의 시간이 항상 일정하다는 것을 나타낸다. 그리고 그렇게 반감하기까지의 시간을 '반감기'라고 부른다.

반감기는 물질마다 모두 다르다. 예를 들어 ^{14}C의 반감기는 약 5700년으로, 어느 화석에 포함된 ^{14}C의 양이 죽었을 당시의 4분의 1이었다면, 그 화석은 약 1만 1400년 전의 것이라고 말할 수 있다.

그러나 화석 중에는 10억 년보다 더 이전에 존재하고 있던 생물의

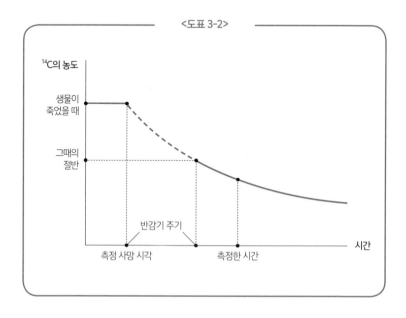

<도표 3-2>

^{14}C의 농도

생물이
죽었을 때

그때의
절반

반감기 주기

측정 사망 시각   측정한 시간

시간

화석도 있다. 그 정도로 아주 먼 옛날이라면 ^{14}C는 거의 없어지기 때문에 이와 같은 화석의 연대 측정 방법은 바람직하지 않다. 이런 경우에는 ^{14}C보다 반감기가 긴 우라늄(^{238}U의 반감기는 45억 년) 등의 물질을 이용한다면 더욱 폭넓은 연대 측정을 할 수 있다.

반감기의 성질을 이용하여 화석의 연대를 특정하는 경우 ^{14}C가 어째서 이와 같은 페이스로 감소하는지, 그 이유를 생각할 때 미분이 도움이 된다. 세로축을 ^{14}C의 양, 가로축을 시간으로 하는 그래프를 그려 보자. 〈도표 3-2〉를 보면 시간이 지남에 따라 ^{14}C의 감소 속도가 느려지고 있다는 사실을 알 수 있다.

사실 이 그래프는 ^{14}C의 양이 절반이 되면 감소 속도 또한 반감하고, ^{14}C의 양이 3분의 1이 되면 감소 속도도 똑같이 3분의 1이 되는 비례 관계에 있다. 이것이 바로 앞에서 말한 '지수 관계'의 특징이며 ^{14}C에 반감기가 있다고 말할 수 있는 이유가 된다.

계산식

화석에 포함되어 있는 ^{14}C의 수를 $f(t)$, ^{14}C의 증감을 라고 한다($\frac{df}{dt}$는 시간).

$\frac{df}{dt}$는 $f(t)$에 비례한다($\frac{df}{dt}/f(t)$의 값은 일정하다).

시간이 지날 때마다 $f(t)$는 감소하므로

$\frac{df}{dt}$의 값은 언제나 마이너스다($\frac{df}{dt} < 0$).

어떤 화석에 포함된 ^{14}C의 비율이 다른 화석의 절반이라고 할 때, 그 화석은 반감기 1주기만큼 더 오래되었다고 말할 수 있다.

19

미분의 지문 인식으로 보안이 강화되고 있다

오늘날 지문 인식 기능에는 거의 오차가 없다. 사람마다 지문이 모두 다르기 때문이다. 이러한 지문 인식에 미분이 사용된다.

철수는 얼마 전 **지문 인식 기능이 탑재된 새로운 태블릿 PC**를 구입했다.

기존에 사용하던 태블릿 PC는 애플리케이션을 다운로드하기 위해 비밀번호를 입력하여 본인 인증을 해야 했는데, 새로 산 태블릿 PC는 홈버튼에 손가락만 갖다 대면 인증이 완료되었다.

이것은 홈버튼의 센서에 손가락을 대면, 센서가 지문의 모양을 감지하여 본인을 확인하는 것이다.

지문은 미세하게 올록볼록한 많은 홈의 조합으로 이루어져 있다. 예를 들어 볼록한 부분은 센서에 강하게 닿으므로 반응도 강하다. 그러나 오목한 부분은 센서에 닿는 힘이 적기 때문에 반응도 약하다. 이러한 반응의 차이로 지문을 감지하고 인식할 수 있는 것이다.

하나하나의 지문은 모두 다르기 때문에 지문 인식 기능에는 거의 오차가 없다고 할 수 있다. 그리고 이러한 지문 인식에 미분이 사용되고 있다.

미분은 대상이 변화하는 모양을 구함으로써 전체적인 형태를 파악할 수 있다. 지문 인식에서도 센서의 반응이 어떻게 달라지는가를 계

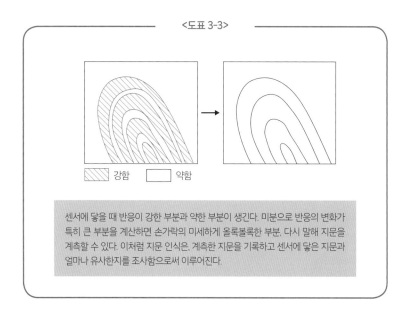

<도표 3-3>

강함 약함

센서에 닿을 때 반응이 강한 부분과 약한 부분이 생긴다. 미분으로 반응의 변화가 특히 큰 부분을 계산하면 손가락의 미세하게 올록볼록한 부분. 다시 말해 지문을 계측할 수 있다. 이처럼 지문 인식은, 계측한 지문을 기록하고 센서에 닿은 지문과 얼마나 유사한지를 조사함으로써 이루어진다.

측함으로써 지문의 형태를 파악할 수 있다(〈도표 3-3〉 참고).

지문 인식은 계측한 지문을 미리 등록해 두고, 센서에 닿는 지문이 등록된 지문과 어느 정도 일치하는지를 파악하는 방식으로 이루어 진다. 예를 들어 전혀 다른 모양인 다른 사람의 지문이 닿는다면 센서가 감지한 지문도 달라진다. 이런 경우 태블릿 PC의 시스템에 들어가는 것이 불가능하다.

이러한 시스템은 지문에만 해당하는 것은 아니다. 예를 들어 얼굴 인식이나 홍채 인식 등 신체의 다른 부분을 활용한 인식 시스템도 도입되고 있다. 스마트 스피커는 성문(聲紋)으로 주인의 목소리를 구분하고 있다. 소는 코의 문양, 즉 비문(鼻紋)을 통해 개체를 판별하고 있다.

하지만 이러한 인식 시스템은 3D 인쇄 기술의 발달 등으로 위협받고 있다. 지문이나 얼굴 등을 3D 프린트로 출력하여 인식 시스템을 뚫어버리는 사례가 등장한 것이다. 또한 쌍둥이처럼 성문 인식으로 판별하기 어려운 경우도 있다고 한다.

앞으로도 다양한 인식 시스템이 등장할 것이다. 시스템을 뚫으려는 바람직하지 않은 지혜를 짜내는 사람도 분명 나타날 것이다. 어쩌면 다람쥐 쳇바퀴 도는 듯한 현상은 계속될지도 모른다. 보안 대책에 관한 분야는 아직 연구해야 할 가치가 있는 듯하다.

계산식

센서에 지문이 닿는 부분을 x, 센서의 강도를 $f(x)$라고 한다면 센서의 반응 변화는 $\dfrac{df}{dx}$ 라고 쓸 수 있다.

볼록한 부분에서 오목한 부분으로 향하면 $\dfrac{df}{dx}$ 는 작아지며,

옴폭한 부분에서 볼록한 부분으로 향하면 $\dfrac{df}{dx}$ 는 커진다.

$\dfrac{df}{dx}$ 의 그래프의 모양이 얼마나 유사한지를 파악하여 지문을 인식하는 것이다.

20 희귀 생물의 멸종 위기는 미분으로 계산한다

얼마나 증가하고 얼마나 감소하였는지 알면 조사한 그 시점의 수와 현재까지의 데이터를 비교할 수 있고, 이를 바탕으로 변화를 추측하는 계산이 가능하다.

철수와 영희는 동물원에 놀러 갔다. 구경을 하던 영희는 넓적부리황새 앞에 멈추어 섰다. 움직이지 않고 가만 서 있는 무표정의 그 새가 영희의 마음을 사로잡은 것이다.

넓적부리황새는 현재 멸종 위기종이다. 최근 계속해서 개체수가 줄어들고 있어서 멸종 위기종으로 지정되었다. **앞으로 개체수가 어떤 페이스(pace)로 감소할지는 미분으로 추측할 수 있다.**

그렇다면 한때 멸종 위기종으로 지정됐던 동물인 대왕판다를 떠올려 보자.

자연 보호를 위해 설립된 비정부 기구인 세계자연기금(WWW, World Wide Fund for Nature)에 의하면 야생에서 살아가는 대왕판다는 그 수가 점점 감소하고 있어, 1970~1980년대에 개체수가 약 1,000마리에 불과했다. 하지만 2015년 조사에서 대왕판다의 수가 1,964마리로 증가하여, 지금은 멸종 위기종에서 지정이 해제되었다. 그 이유는 간단하다. 판다 밀렵이 감소하고, 판다 보호 지역이 확장되었기 때문이라고 할 수 있다.

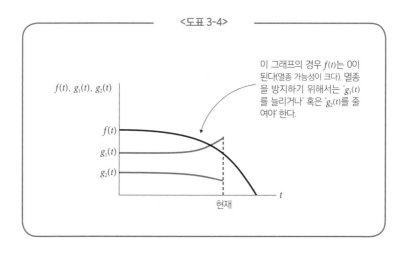

<도표 3-4>

이 그래프의 경우 $f(t)$는 0이 된다(멸종 가능성이 크다). 멸종을 방지하기 위해서는 '$g_1(t)$를 늘리거나' 혹은 '$g_2(t)$를 줄여야' 한다.

$f(t), g_1(t), g_2(t)$

$f(t)$
$g_1(t)$
$g_2(t)$

현재

t

판다의 안전이 확보됨에 따라 개체수가 조금씩 증가하면서, 이런 속도라면 멸종을 피할 수 있다고 추측한 것이다.

동물 개체수의 증감에 대해 생각하기 위해서는 두 종류의 그래프가 필요하다. '탄생한 개체수'의 그래프와 '사망한 개체수'의 그래프다. 인간의 인구 조사도 마찬가지로 출생아 수와 사망자 수를 비교하여 그 차가 증가하였는지, 감소하였는지를 분석한다.

단순한 덧셈, 뺄셈처럼 보일지도 모르지만, 이는 미분 그래프로도 표현할 수 있다.

얼마나 증가하였는지, 혹은 얼마나 감소하였는지를 알면 조사한 그 시점의 수와 현재까지의 데이터를 비교할 수 있다. 이 비교를 바탕으로 앞으로의 변화를 추측하는 계산이 바로 미분의 사고방식이다.

동물의 개체수가 증가하고 있다면 멸종과는 거리가 멀어지고 있다는 말이며, 개체수가 줄어들고 있다면 멸종에 가까워지고 있다는 의

미가 된다(〈도표 3-4〉 참고).

개체수가 감소하는 생물은 그 현상이 지속되면 결국 멸종에 이르기 때문에 멸종을 방지하기 위해서는 그들의 번식을 지원하거나 환경이 악화하지 않도록 보호하는 등 최대한 사망 위험성을 줄일 필요가 있다. 대왕판다의 수가 증가한 이유는 그러한 연구에 성공했기 때문일 것이다.

넓적부리황새도 환경이 바뀌지 않는 한, 개체수가 계속 감소하는 속도가 변하지 않을 것이다. 이 귀여운 새가 세상에서 사라지지 않게 하려면 보호할 필요가 있다.

그렇다면 영희가 마음에 들어 한 넓적부리황새에게 어떤 일을 해줄 수 있을까? 이 새의 존재 자체를 모르는 사람도 많고, 또 멸종 위

계산식

어느 생물의 개체수를 $f(t)$라고 한다(t는 시간).

얼마나 증가하고 있는가(얼마나 번식하였는가)를 $g_1(t)$,

얼마나 감소하고 있는가(얼마나 죽었는가)를 $g_2(t)$라고 나타낸다면,

개체수의 변화, 즉 $\dfrac{df}{dt}$는 $g_1(t)g_2(t)$라고 쓸 수 있다.

만약 $\dfrac{df}{dt} < 0$이라면 개체수가 줄어들고 멸종에 가까워지고 있으며,

$\dfrac{df}{dt} > 0$이라면 개체수가 증가하고 멸종은 걱정하지 않아도 된다는 의미다.

또 $f(t)$가 0이 되었을 때, 그 생물은 멸종해버렸다고 생각할 수 있다.

이때 개체수는 증가도, 감소도 하지 않으므로 $\dfrac{df}{dt} = 0$이다.

기에 처해있다는 사실조차 알지 못하는 사람도 많을 것이다. 그러므로 가장 먼저 친구나 주변 사람들에게 '이런 멋진 새가 있다'라며 넓적부리황새를 알려주어야 할 것이다.

21

지원하는 학교의 시험 난이도는 적분으로 알 수 있다

편차치의 그래프는 평균 점수가 정점인 산 모양을 한다. 이렇게 현상을 그래프로 나타내고, 그래프의 면적에 대한 계산이 적분의 사고방식이다.

철수는 고등학교 시험(일본에서는 중·고등학교 입시가 보편적이다-옮긴이)을 준비하는 영희에게 수학을 가르쳐주고 있다.

영희는 열심히 준비하여 조금 수준이 높은 고등학교에 도전하려고 한다. 하지만 그 학교에 합격하기 위해서는 편차치(일본 시험에서 학교의 수준을 나타내는 지표로, 한국의 표준편차와 유사한 개념-옮긴이)가 조금 부족한 듯하다. 편차치를 올리기 위해서는 어떻게 하면 좋을까?

단순하게 말해, 공부하면 점수는 오른다. 그러나 편차치를 효율적으로 올리는 방법이 있는 것이다.

영희가 잘하는 과목은 국어인데, 국어는 언제나 80점을 받는다. 하지만 약한 과목인 수학은 점수를 30점 정도밖에 받지 못한다. 효율적으로 편차치를 올리기 위해서는 어느 과목을 공부하는 것이 좋을까?

사실 편차치는 점수만으로 알 수 있는 것은 아니다. '전체의 평균 점수나 다른 사람의 점수 분포에 비해 나의 점수는 어떠한가'에 따른 수치이기 때문이다.

'편차치를 바탕으로 자신의 순위를 파악하다'라는 것도 적분으로 생각할 수 있다.

편차치의 계산은 '정규분포'의 개념이 바탕이 된다. 이는 시험의 평균 점수에 대한 인원수 분포를 나타내는 그래프로, 평균 점수 주변에 인원이 가장 많이 모여 있다.

다시 말해 편차치 50이라는 말은 '평균 점수에 가장 가까운 위치

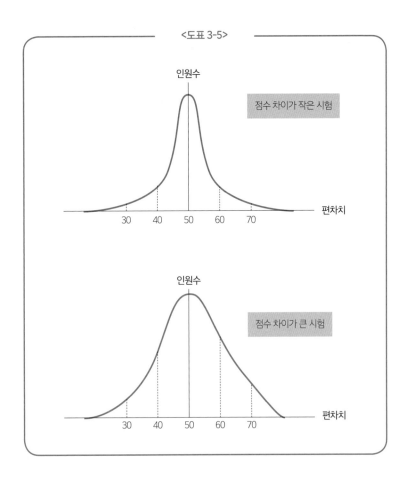

<도표 3-5>

에 있다'라는 의미인 것이다.

편차치의 그래프는 평균 점수가 정점인 산 모양을 하고 있다. 편차치 60을 넘을 수 있다는 것은 대략 6명 중 1명 정도라는 계산이 된다. 현상을 그래프로 나타내고, 그 그래프 면적에 대한 계산이 적분의 사고방식인 것이다.

예를 들어 수험생의 60%가 평균 점수를 받은 시험과 수험생의 80%가 평균 점수를 받은 시험이 있다고 가정해보자.

평균 점수를 받은 사람이 많은 시험이 그래프의 정점이 더 높으며, 그래프는 세로로 긴 모양이 된다. 왜냐하면 평균 점수에서 멀리 떨어져 있는 사람의 수가 적기 때문이다(〈도표 3-5〉 참고).

영희는 우선 평균 점수를 목표로 공부해야 한다. 그리고 그다음에는 본인의 노력과 편차치 분포에 달려 있다.

영희의 국어 점수는 80점인데, 만약 국어의 평균 점수도 80점이라면 편차치는 50이 된다. 그리고 평균 점수가 70점이라면 영희의 편차치는 50 이상이다. 그러나 평균 점수가 90인 경우, 영희의 편차치는 50 이하가 되고 만다.

다섯 과목 편차치의 합계를 올리고 싶은 경우, 편차치가 50 이하인 과목을 집중적으로 공부한다면 편차치의 상승 폭이 커질 것이다. 그러면 결과적으로 공부의 효율성이 좋아진다. 영희는 수학 시험에서 편차치 39를 받았기 때문에 철수에게 과외를 부탁하여 편차치 50을 목표로 공부에 집중하고 있다.

22

재판은 정보의 적분이다

재판은 각자 주장할 것은 주장하고, 증거가 있으면 제출하는 노력의 과정이다. 이 반복되는 노력이 축적되는 것이 적분이다.

철수는 아버지와 함께 재판을 방청하기 위해 법원을 방문했다. 재판 방청은 방청석에 앉아 실제 재판하는 모습을 생생하게 견학할 수 있다. 법정에서는 이혼 재판이 진행되고 있었다.

재판이란 문제를 해결하기 위해 법률을 통해 판결을 내리는 것을 의미한다. 판결을 내기 위하여 재판은 여러 번 열리는데, 그 사이에 서로 증거를 제출하거나 혹은 제출한 증거에 반론을 하는 등 법정 싸움을 반복적으로 펼친다.

철수가 견학한 재판은 아내가 도박에 의존하는 남편에게 이혼장을 내민 사례였다. 아내는 남편이 사용한 은행 예금 통장을 증거로 제출했다. 이와 같은 증거를 제출한 경우, 남편은 매우 불리해진다.

그러나 남편은 월급이 들어오는 통장을 증거로 제출했다. 그 증거에 의하면 월급 전액이 아내의 통장으로 이체되고 있었다. 그에 따라 아내가 남편의 월급을 모두 자신의 것처럼 사용하고 있었다는 사실이 밝혀졌다. 이렇게 되면 상황은 다시 남편에게 유리하게 돌아간다.

철수가 견학한 날에는 그들의 갈등이 결론 나지 않았지만, 언젠가는 재판관이 어떠한 결과를 내게 된다. 재판은 자신에게 유리해지도록 끌고 가는 측이 자신이 원하는 결과를 얻을 가능성이 크다고 할 수 있을 것이다.

사실 재판의 전체적인 흐름은 적분으로 생각할 수 있다. 주장해야 하는 것은 주장하고, 유력한 증거가 있다면 제출한다. 이렇게 재판에서 자신의 상황이 유리해지도록 노력해야 할 필요가 있는 것이다. 이 반복되는 노력의 축적이 바로 적분이라고 할 수 있다.

그러나 당연히 싸우고 있는 상대방도 우리 측이 불리해지는 증거를 들이밀지도 모른다. 만약 그 증거로 인해 불리해졌다고 하더라도 그를 뒤엎을 수 있는 증거를 새롭게 내민다면, 다시 우리 측이 유리하게 역전할 가능성이 커진다(〈도표 3-6〉 참고).

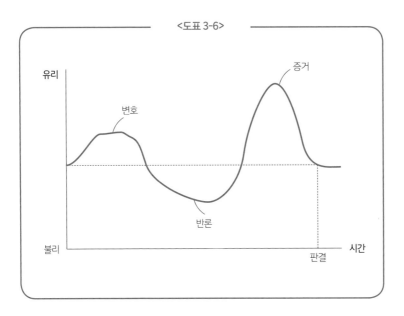

〈도표 3-6〉

재판하는 도중 피로감을 느껴 재판을 결석하거나 증거를 수집하다 지쳐 제출하지 않는 사람도 있다. 그렇게 되면 상황은 불리하게 돌아갈 것이다. 하지만 아무리 재판에 소홀히 하더라도 상대방이 나쁘다고 단언할 수 있는 결정적인 증거를 하나라도 제출할 수 있다면, 상황은 단숨에 우세하게 기울게 된다.

좋은 판결이 나기 위해서는 역시 증거가 필요하다. 그를 위해 평상시에 모든 일에 증거를 남기는 것이 중요하다. 예를 들어 이혼을 생각하고 있는 부부라면 조금씩 증거 수집을 시작해둘 필요가 있을지도 모른다.

서로의 주장이나 증거를 거듭 제출하면서 판결을 기다린다. 판결에는 그때까지 재판에서 주고받은 모든 증거가 담겨 있는 것이다. 판결에 후회가 남지 않도록 변호사 등 전문가에게 상담하여, 현재 시점에서 자신이 유리한지, 불리한지를 확인하며 신중하게 행동해야 할 것이다.

계산식

재판의 유리한 정도를 $f(t)$라고 한다(t는 시간).

t의 범위를 a에서 b까지라고 한다면 $\int_a^b f(t)dt$의 값에 따라 재판의 대략적인 판결을 예상할 수 있다.

만약 재판을 유리하게 끌고 갈 수 있다면 $f(t)$가 커지고, $\int_a^b f(t)dt$도 커진다. 다시 말해 승률이 올라간다.

23

미분으로 나의 보험금 금액을 계산할 수 있다

보험에서 가입자가 사망할 확률이나 다칠 확률은 통계 데이터에 의해 계산된다. 이에 따라 보험료 액수가 어떻게 달라지는지는 미분으로 생각할 수 있다.

철수의 어머니는 요즘 생명 보험을 재검토하고 있다. 최근 보험료가 올라 해약해야 할지 말지 고민 중인 것 같았다.

일반적으로 생명 보험료는 나이가 많아짐에 따라 점차 상승한다.

나이가 어리다면 사망 확률이 낮아 생명 보험료도 낮지만, 나이가 들어 사망 확률이 상승하면 그에 비례하게 생명 보험료도 올라간다. 더군다나 보험 중에는 일정한 나이를 넘으면 가입 자체가 불가능한 상품도 있다.

보험 가입자가 사망할 확률은 통계 데이터에 의해 계산된다. 그리고 **생명 보험료의 액수가 어떻게 달라지는지에 대해서는 미분으로 생각할 수 있다.**

철수의 어머니는 50대가 되어 보험료가 상승했다. 그래서 앞으로도 계속 보험을 유지할 것인지 고민하는 것이다. 그렇다면 애초에 어머니가 생명 보험에 가입한 이유는 무엇일까?

어머니가 보험에 가입한 이유는 자신의 장례식 비용을 마련하고 싶다는 바람이 있었기 때문이다. 하지만 어머니는 일반적인 장례식 비용보다 더 고액의 보험금이 나오는 보험에 가입하고 있었다. 이 부분을 다시 검토한다면 지금보다 보장 금액을 약간 낮출 수 있다.

보장 금액을 줄인다면 당연히 생명 보험료도 내려간다. 결국 어머니는 낮은 금액의 생명 보험에 다시 가입하게 되는 것이다(〈도표 3-7〉 참고).

철수는 어머니에게 "자신의 생명 보험도 가입되어 있는지"를 물어보았다. 그러자 어머니는 "생명 보험이 아닌, 의료 보험에 가입되어 있다"라며, 병원에 입원할 때나 상처를 입었을 때 돈이 지불된다고 말했다. 의료 보험도 생명 보험과 마찬가지로 나이에 따라 보험료가 달라진다. 나이가 많아질수록 질병이나 상처를 입을 확률도 증가하기 때문이다. 아직 젊은 철수는 비교적 낮은 보험료로 보장을 받을 수 있다.

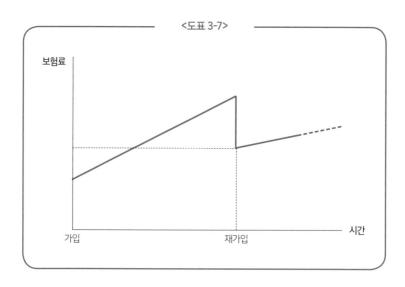

〈도표 3-7〉

보험료

가입 　　　　　　 재가입 　　　 시간

그렇다면 만약 어머니가 생명 보험을 해지한다면 어떻게 될까?

어머니가 건강하게 살아계시는 동안에는 특별한 문제가 생기지 않는다. 그러나 만일 사고가 발생한 경우, 가입한 보험이 없다면 장례 비용이 필요한데도 보험금은 받을 수 없는 사태가 발생하고 만다.

장례 비용이 준비되었다면 보험금은 필요하지 않지만, 그 비용이 걱정될 때는 생명 보험에 가입하는 것이 가장 좋은 방법이다. 철수의 어머니도 보장 금액은 줄었지만, 역시 보험에 가입하는 것이 더 안심 된다고 했다.

철수는 어머니의 생명 보험료가 내려가지 않고 오랫동안 건강하게 사셨으면 좋겠다고 생각했다.

24

선거를 이기고 지는 데는
입후보자의 미분에 달려 있다!?

선거 운동을 할 때 어떤 사건 혹은 이벤트가 발생했다. 그럼 그 시점에서의 당락 가능성을 판단하고 앞으로의 움직임을 읽을 때, 미분을 사용한다.

철수의 동네에서 선거를 실시하게 되었다.

매일 몇 대의 선거 차량에서 후보자나 아나운서의 목소리가 들려왔다.

어째서 그들은 매일 선거 차량으로 마을을 돌아다니는 것일까? 왜냐하면 당선될 확률을 조금이라도 높이기 위해서다.

선거 차량으로 마을을 돌아다니면 후보자에 대한 동네 사람들의 인지도가 높아진다. 후보자의 이름이나 얼굴을 기억하고, 더 나아가 응원해주는 사람이 증가할지도 모른다.

인지도가 올라가고, 또 노력을 인정받을 수 있다면 호감도 또한 상승한다. 이는 얻을 수 있는 득표수의 증가로도 이어진다.

그러나 선거 차량으로 가장 열심히 마을을 돌아다닌 후보가 반드시 당선되는 것은 아니다. 왜냐하면 본래 인지도에서 차이가 나는 경우가 있기 때문이다.

예를 들어 현직자가 재선을 목표로 입후보한 경우, 그 사람의 얼굴이나 이름은 이미 알려져 있으므로 인지도가 매우 높다. 이는 다른 후보자에 비해 꽤 유리한 조건이라고 할 수 있다.

그렇다면 무명인 신인 후보의 경우는 어떨까?

선거 운동의 초반에 신인 후보자의 인지도는 0(제로)에 가까울지도 모른다. 하지만 선거 차량으로 마을을 다니거나 연설을 한다면 사람들은 서서히 그의 얼굴과 이름을 기억할 것이다. 그러나 짧은 선거 운동 기간에 인지도를 100%까지 끌어올리기는 쉽지 않다. 그렇기에 당선을 위해서 또 다른 작전이 필요하다.

만약 유명인이 신인 후보자의 지지 연설을 하러 나왔다고 해보자. 그러면 많은 사람이 모이면서 그의 인지도나 호감도가 단숨에 상승할 것이다.

게다가 비슷한 시점에 현직자 후보가 비서를 성희롱했다는 스캔들이 터지면서, 그의 지지자가 대폭으로 감소하고 호감도가 순식간에

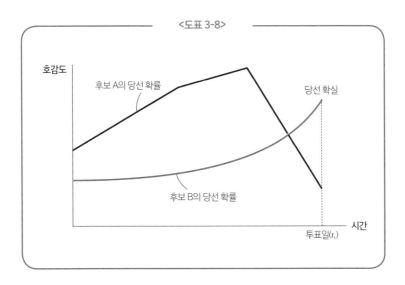

<도표 3-8>

호감도

후보 A의 당선 확률

당선 확실

후보 B의 당선 확률

시간

투표일(t_1)

곤두박질쳤다(〈도표 3-8〉 참고).

그러자 지금까지 착실한 방법으로 선거 운동을 한 신인 후보자의 호감도가 현직자 후보를 뛰어넘게 되었다. 결과적으로 신인 후보자가 당선을 거머쥘 가능성이 높아진 것이다.

이렇게 선거의 당락 가능성을 생각하는 데는 미분이 사용된다.

그 시점에서의 당락 가능성을 판단하고 앞으로의 움직임을 읽는다. 이렇게 '앞으로의 움직임을 읽을 때' 미분이 등장하는 것이다.

예를 들어 신인 후보자가 멋진 연설을 하고 있을 때 호감도는 차근차근 상승한다. '한 번의 연설로 당락의 가능성이 얼마나 변화했는가?'에 대한 분석이 바로 미분의 사고방식이다. 만약 신인 후보자가 엄청나게 감동적인 연설을 하여, 그에 감명받은 사람들이 그 이야기를 여러 곳에 전달한다면 하루에도 몇 퍼센트씩 호감도가 상승할 수 있다. 반대로 사람들의 공감을 얻지 못했다면 호감도가 상승하지 않는 경우도 있다.

불미스러운 사건으로 호감도를 떨어뜨리지 않고 끈기 있게 사람들의 마음을 움직이는 활동을 계속한다면, 다른 후보자보다 높은 호감도를 얻을 수 있다. 이것이 선거라는 경쟁에서 이기는 비법인 것이다.

선거 활동을 시작한 시점을 t_0, 현시점을 t, 호감도를 $f(t)$라고 한다면 호감도를 올리는 방법은 $\dfrac{df}{dt}$라고 쓸 수 있다.

불미스러운 사건을 일으키면 $\dfrac{df}{dt}$는 엄청난 마이너스가 되며,

지지자를 늘리면 $\dfrac{df}{dt}$는 커진다.

착실한 연설을 통해 사람들의 공감을 얻는다면 $f(t)$는 증가한다($\dfrac{df}{dt}>0$가 된다).

25

병에 걸리면 의사는 미분으로 약을 처방한다

환자가 어떤 치료를 받아야 하는지는 의사의 판단이 필요하다. 의사는 환자가 약을 먹으면 몸에서 어떤 변화가 일어날지 추측하는데, 이는 미분적인 사고방식이다.

오늘은 철수가 영희에게 수학 과외를 해주러 가는 날이다. 그런데 영희에게 편도선이 너무 심하게 붓고 열도 심해 오늘은 공부하기 어려울 것 같다는 연락이 왔다.

영희는 병원에 방문하여 약을 받아왔다고 한다. 푹 쉬라고 답장을 보낸 철수는 약이 영희에게 효과가 있었으면 좋겠다고 생각했다.

컨디션이 망가지면 사람은 평소처럼 활동할 수 없다. 하지만 컨디션이 좋아지면 다시 건강하게 돌아다닐 수 있게 된다.

누구나 어딘가가 아프면 빨리 건강해지고 싶다고 생각할 것이다. 이때 환자가 어떤 치료를 받아야 하는지는 의사의 판단에 따른다.

의사는 환자가 약을 먹으면 환자 몸에서 어떤 변화가 일어날지, 그동안의 지식으로 추측한다. 이것이 바로 미분의 사고방식이라고 할 수 있다(《도표 3-9》 참고).

'약에 의한 변화'라고 간단하게 표현했지만, 그 효과는 다양한 요인에 따라 달라질 수 있다. 환자의 나이, 알레르기 유무, 지병, 임신 여부 등 고려해야 하는 사항이 많기 때문이다. 이런 많은 요소들을 바

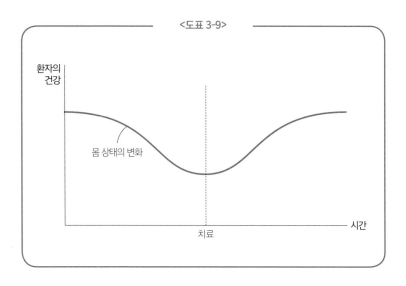

<도표 3-9>

환자의
건강

몸 상태의 변화

치료

시간

탕으로 의사는 환자에게 가장 효과가 좋을 것이라고 예상하는 약을 처방하는 것이다.

의사가 옳은 진단을 내렸다면 환자의 몸 상태는 빠르게 회복될 것이다. 이는 약이 효과가 있었다고도 말할 수 있다. 그러나 환자에게 맞지 않는 약이라면 부작용으로 환자가 타격을 입게 될 가능성도 있다. 이런 경우에는 오히려 환자의 몸 상태가 악화될 수도 있으며, 때에 따라서는 생명과 연관이 있을지도 모른다. 그렇게 되면 이것은 '약이 효과가 없었다'라는 의미가 된다.

하지만 몸 상태를 한 번에 회복하는 것이 무조건 좋다고 할 수 없다. 지나치게 빠른 회복은 우리 몸에 부담을 주는 경우도 있기 때문이다. 질병으로 몸이 약해졌을 때는 천천히 회복해나가는 것이 더 좋을 때도 있다. 그렇기에 의사는 환자의 몸 상태를 관찰하면서 환자마다 각기 다른 회복 속도를 조절하는 것이다.

이는 약 처방에만 해당하는 이야기가 아니다. 수술이나 재활 치료 시에도 마찬가지다. 특히 수술은 환자의 몸에 칼을 대는 행위이기 때문에 아무래도 환자의 부담이 커질 수밖에 없다. 그런데도 수술을 진행하는 이유는 그 이상의 더 큰 회복을 바라기 때문임이 틀림없다.

어쩌면 약에 의존하지 않고 자신의 힘으로 치료하고 싶다는 사람도 있을 수 있다. 하지만 약의 도움을 받으면 극적으로 회복하는 경우도 있으므로 우선은 의사와 상담하는 것이 좋다.

계산식

환자의 건강 수준을 $f(t)$라고 하며(t는 시간), 건강 수준의 변화를 $\dfrac{df}{dt}$라고 한다.

예를 들어 병이 악화될 때는 $\dfrac{df}{dt}$가 마이너스다. 이때 의사의 치료가 있는 $\dfrac{df}{dt}$는 더욱 커지며 더욱 빠른 회복을 기대할 수 있다.

그러나 의사의 치료가 없다면 $\dfrac{df}{dt}$는 커지지 않고 최악인 상태로 몸 상태는 더욱 나빠진다(만약 $\dfrac{df}{dt} < 0$라면 상태는 계속 악화된다).

26

전염병 감염자 수의 증감은
미분으로 추측한다

전염병이 유행할 시 하루의 감염자 수를 통해 앞으로의 동향을 예측하는 것은 미분의 사고방식에 근거한 것이다.

이번 겨울에 철수가 거주하는 지역에 전염병이 유행했다. 그래서 철수네 가족은 감염을 피해 대부분의 시간을 집 안에서 보냈다.

TV에서는 매일 같이 하루 감염자 수를 보도하고 있다.

감염자 수가 점점 증가하고 있는 시기에 사람들은 '내일 더 많은 사람이 감염될 것'이라고 생각한다. 그러나 감염자 수가 서서히 감소하면 사람들은 '내일은 더욱 안전한 세상이 되어 있을 것'이라고 인식하게 된다. 하루의 감염자 수를 통해 앞으로의 동향을 예측하는 것은 미분의 사고방식에 근거한 것이다.

또한 실제 감염이 확산되는 타이밍은 증상이 나타나는 타이밍과 약간의 간극이 존재한다. 예를 들어 코로나19의 경우, 감염된 이후 증상이 나타날 때까지 약 2주에 가까운 잠복기가 있다고 한다. 그러므로 현재 감염자 수를 정확하게 파악하기 위해서는 약 2주일 전의 상황을 미분으로 분석할 필요가 있다.

예를 들어 2주 전에 대형 행사가 있어 사람들이 밖에 돌아다니고 한 곳에 밀집했다면, 그때 많은 사람이 감염되었을 가능성이 있다.

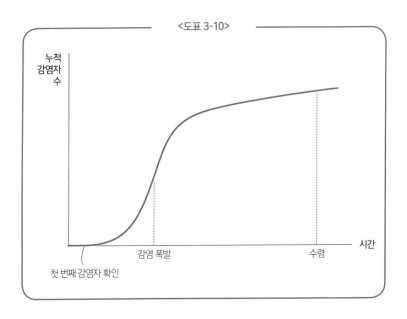

<도표 3-10>

누적
감염자
수

시간

감염 폭발

수렴

첫 번째 감염자 확인

그리고 행사에서 감염된 사람들이 잠복기인 2주 동안 다른 사람에게 바이러스를 확산시켰을 가능성도 있다. 그 결과, 감염자 수는 증가한다고 예측할 수 있다.

반대로 말하면 철저하게 감염 대책을 세웠다고 하더라도 그 효과는 약 2주 후에 나타나는 것이다. 철수처럼 외출을 자제하고 집 안에만 계속 머문다면 다른 사람을 감염시키거나, 혹은 누군가로부터 바이러스가 전이될 위험성이 크게 감소하고 전염병의 확산을 억제할 수 있다.

하지만 2주 동안 외출하지 않는다고 전염병을 박멸할 수 있을까? 사실 반드시 그렇지도 않다. 감염 대책을 멈추고 이전 생활로 돌아가, 사람과 사람의 접촉이 증가하면 다시 바이러스가 확산될지도 모른다. 만약 특효약이나 백신이 보급되면 전염병을 박멸할 가능성이 높아진다.

감염자 수를 나타내는 그래프는 두 가지가 있다 누적 감염자 수의 그래프와 하루 감염자 수의 그래프다. 〈도표 3-10〉을 보자. 누적 감염자 수의 그래프는 지금까지의 기간을 더한 것이므로 숫자는 계속 증가만 하고 감소하지 않는다. 그러나 하루 감염자 수의 그래프는 그날 감염자의 수치만을 표시하고 있으므로 감염자 수가 감소하면 그에 따라 그래프도 낮아진다. 그리고 이외에도 '완치자 수' 그래프도 있다.

감염자 수에서 완치자 수와 사망자 수를 뺀 수치가 현재 치료 중인, 혹은 경과를 관찰 중인 사람을 나타낸다. 치료 중인 사람의 수가 많으면 많을수록 의료 기관의 혼잡도가 증가한다고 할 수 있다.

미분·적분에 빼놓을 수 없는 '극한'이라는 개념

미분과 적분에서는 '그래프를 잘게 나누다'라는 작업이 매우 중요하다.

'그래프를 잘게 나누면', 예를 들어 꼬불꼬불 구부러진 그래프도 확대하여 일부를 관찰하면 직선처럼 완전히 곧게 보인다. 그러나 어떻게 확대하더라도 100% 직선이 되는 경우는 거의 없다. 어딘가에서 선의 변화가 있기 때문이다.

그래프의 배율을 극한까지 올리면 확대한 부분만 직선으로 인식할 수 있다. 여기에서 그 직선의 기울기(각도)를 구하는 것이 바로 '미분'이다. 그리고 '가능한 직선에 가깝게 하는' 작업을 미분에서의 '극한'이라고 말한다.

반면 적분에서의 '극한'은 이와는 조금 다르다. 적분은 주로 복잡한 형태인 도형의 면적을 구하는 것이다. 복잡한 도형의 면적을 직접 구하기란 쉽지 않은 경우가 많다. 그래서 그래프를 정사각형과 같이 계산하기 쉬운 모양으로 잘라 계산한다. 모눈종이 위에 구하고 싶은 도형을 잘게 나누는 방법, 그것이 바로 적분이다.

이때 마지막에는 결국 아주 작은 정사각형으로 가득 차면서 계산이 끝난다. 이를 바로 적분에서의 '극한'이라고 한다.

이들의 공통점은 '계산하기 쉬운 방법을 고안하여 조금씩 차근차근 문제를 정리해나간다'라는 사고방식이다. '극한'을 알고 있으면 긴 계산을 조금은 즐길 수 있게 될 것이다.

제 4 장

취미 및 여가 속의

미분과 적분

27

롤러코스터에서 비명을 지르는 지점은
미분으로 결정한다

즐거운 취미나 여가 생활에는 그를 뒷받침하는 수많은 미분과 적분이 있다. 누구나 최대한 즐길 수 있도록 다양한 수식이 꿈틀거리는 듯 정밀하게 설계되어 있는 것이다.

철수와 영희는 놀이공원에 놀러갔다. 그 놀이공원에서 가장 인기 있는 기구는 수직으로 낙하하는 롤러코스터다. 철수는 롤러코스터를 타고 싶어 하는 영희와 함께 탑승해보았다. 놀이기구는 엄청나게 빠른 속도로 눈 깜짝할 사이에 빠져나가는 스릴 넘치는 것이었다.

롤러코스터 위치의 높이를 시각마다 점으로 나타내어 그를 연결하면 롤러코스터 레일과 똑같은 그래프가 완성된다. 철수는 롤러코스터를 타며 가장 무서웠던 지점이 어디였는지 떠올려 보다가, 급격한 낙하가 있던 곳이라는 사실을 깨달았다.

처음에 롤러코스터는 완만한 각도로 상승한다. 그러다 낙하할 때는 급경사가 되기 때문에 가속도가 높아지고 바람 압력도 강해진다. 이러한 요인들이 공포심을 불러일으키므로 낙하 각도가 급하면 급할수록 스릴이 더욱 증가한다는 말이 된다.

〈도표 4-1〉을 보자. 그래프를 보면 승객들이 어느 지점에서 스릴을 느끼는지 가시화할 수 있다. 롤러코스터는 두 번 낙하하는데, 사람들은 강도가 높은 낙하에서 더욱 강한 스릴을 느끼므로 첫 번째 낙하

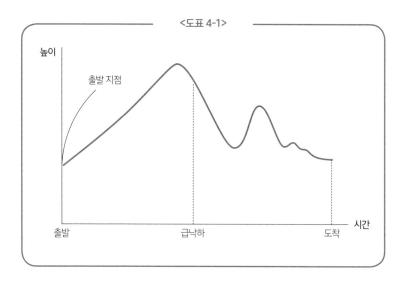

<도표 4-1>

높이

출발 지점

출발　급낙하　도착　시간

가 더 무섭다고 할 수 있다. 그리고 점차 속도가 떨어지면서 낙하 각
도가 완만해지고, 최종적으로 롤러코스터는 출발 지점으로 돌아와
정지한다.

　롤러코스터의 높이를 그래프로 나타내 어느 지점이 가장 무서운지
조사하는 것도 미분으로 생각할 수 있다. 미분이란 '시간의 경과에
따라 높이가 얼마나 변화했는가?'에 대한 조사이기 때문이다. 변화가
클수록 승객들의 스릴 또한 증가한다. 그래프가 상승하고 있을 때는
롤러코스터의 높이가 증가하므로 미분했을 때의 값이 플러스(+)가
된다. 그리고 그래프가 하락하고 있을 때는 높이가 감소하기 때문에
미분했을 때의 값은 마이너스(-)가 된다. 낙하 강도가 높을수록 마이
너스 수치는 커지며, 그래프의 각도도 더 가팔라진다.

　낙하 각도가 수직에 가까운 롤러코스터일수록 바람 압력이 강해지고 비명을 지르는 사람도 증가한다. 그러나 그렇게 과격한 놀이기구는 신체에 큰 부담을 주기 때문에 나이가 제한된다. 낙하하는 각도가 완만한 롤러코스터는 강한 자극이 없어서 키가 작은 어린아이들도 즐길 수 있다.

자유 낙하 놀이기구나 워터 슬라이더, 바이킹 등 비명 머신이라고 불리는 놀이기구들은 낙하나 하강으로 스릴을 맛볼 수 있는 것들이 많다. 이러한 놀이기구의 움직임을 그래프로 나타내면 역시 높이의 차이가 심하다. 인간은 낙하나 하강으로 쾌감에 가까운 흥분을 얻을 수 있을지도 모른다.

계산식

롤러코스터의 높이를 $f(t)$라고 할 때(t는 시간), 높이의 변화는 $\dfrac{df}{dt}$라고 쓸 수 있다.

롤러코스터가 하강할 때는 $\dfrac{df}{dt}$가 마이너스가 되며($\dfrac{df}{dt} < 0$), 급격한 낙하일수록 $\dfrac{df}{dt}$는 작아진다. 또 사람들이 비명을 지르는 포인트는 $\dfrac{df}{dt}$가 최소가 되는 지점이다.

$\dfrac{df}{dt}$의 값이 작을수록 무서운 롤러코스터, 클수록 무섭지 않은 롤러코스터라고 할 수 있다.

28

미분으로 벚꽃이 개화하는 시기를 예측할 수 있다

꽃의 개화 시기는 미분의 사고방식이 도움이 된다. 꽃마다 개화에서 만개까지 걸리는 시간이 있는데, 이러한 성질을 이용해 계산할 수 있다.

봄이 오고 꽃이 피는 계절이 되었다. 철수의 어머니가 "벚꽃놀이를 가고 싶다"라는 말을 꺼냈지만, 철수가 사는 지역은 이제 막 벚꽃이 개화하기 시작한 참이었다. 언제쯤 벚꽃놀이를 갈 수 있는지 궁금해하는 어머니를 위해 철수는 벚꽃의 개화 시기를 조사해보기로 했다.

봄이 되면 일본의 많은 지역에서 벚꽃이 핀다. 가까운 공원 등에 나가서 벚꽃을 즐긴다. 같은 장소일지라도 벚꽃의 개화 시기는 매년 다른데, 그 이유는 그해의 환경이나 기후의 차이에 있다. 벚꽃은 기온이나 날씨의 영향을 많이 받기 때문에, 화창한 날이 지속되는 등 예년보다 기온이 높으면 벚꽃이 평소보다 빨리 개화한다고 예상할 수 있다.

일본에서는 벚꽃이 피는 정도를 구분한다. 우선 개화부터 시작하여, 30% 핀 상태, 50% 핀 상태, 70% 핀 상태, 그리고 80% 핀 상태를 만개라고 부른다. 꽃잎은 불과 며칠 만에 모두 흩어진다. 그러므로 벚꽃놀이를 즐기고 싶다면 언제 벚꽃을 볼 수 있는지 최대한 정확하게 예상해야 할 필요가 있다.

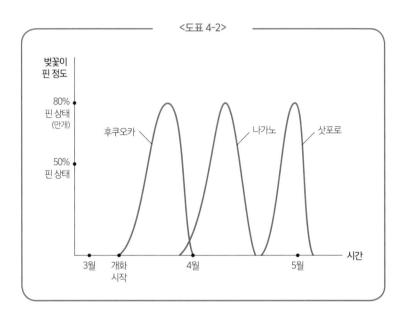

<도표 4-2>

벚꽃이
핀 정도

80%
핀 상태
(만개)

후쿠오카   나가노   삿포로

50%
핀 상태

시간

3월 개화   4월   5월
     시작

또한 벚꽃 개화 시기는 지역마다 다르다. 따뜻한 지역일수록 개화가 빠르다. 예를 들어 2021년 일본 후쿠오카시에서는 3월 중순에 벚꽃이 개화했지만, 북쪽인 홋카이도 삿포로시에서는 5월까지 개화하지 않았다. 다시 말해 일본에서는 벚꽃의 개화에 따라 북쪽으로 올라가면 약 2달 동안 벚꽃을 즐길 수 있는 것이다.

벚꽃의 개화 상황을 확인하기 위해서는 미분의 사고방식이 도움이 된다. 세로축을 벚꽃이 핀 정도, 가로축을 시간으로 하는 그래프를 그려보면, 벚꽃이 피어 있는 기간은 약 2~3주로 길지 않으므로 그래프는 가늘고 긴 산 모양이 된다. 이때 개화에서 만개까지 어느 정도 속도가 정해져 있다는 벚꽃의 성질을 미분에 이용하면, 어느 지역에서 언제 벚꽃이 만개하는지 계산으로 알아낼 수 있다.

〈도표 4-2〉를 보자. 대표적으로 후쿠오카시, 나가노시, 삿포르의 예시를 들어 그래프를 그려보았다. 날씨 예보 사이트에서 많은 도시의 개화 정보를 다루고 있는데, 지역마다 개화와 만개 시기가 다르므로 자신이 사는 지역에서는 언제쯤 벚꽃이 개화할지 확인하는 것이 좋다.

　철수는 날씨 예보 사이트 개화 정보에서 본인 동네의 벚꽃 만개가 예상되는 날짜를 조사하여 어머니에게 알려드렸다. 어머니는 그날에 맞추어 벚꽃놀이를 위해 도시락 재료를 준비하였고, 벚꽃놀이 당일 가족 모두가 그 도시락을 먹으며 벚꽃을 즐길 수 있었다.

계산식

벚꽃의 개화를 계산식으로 나타내는 경우, 후쿠오카의 벚꽃 개화 확률을 $f_1(t)$, 나가노의 벚꽃 개화 확률을 $f_2(t)$, 삿포르의 벚꽃 개화 확률을 $f_3(t)$라고 할 때, 개화 정도의 변화를 $\dfrac{df_1}{dt}, \dfrac{df_2}{dt}, \dfrac{df_3}{dt}$ 라고 한다(t 는 시간).

개화하기 전 $f(t)$는 변하지 않으므로 $\dfrac{df}{dt}=0$ 이며, 개화한 이후는 꽃이 증가하므로 $\dfrac{df}{dt}>0$, 만개한 이후는 꽃이 감소하므로 $\dfrac{df}{dt}<0$ 가 된다.

각 지역에서 벚꽃이 개화하는 날을 t_1, t_2, t_3라고 한다면, 따뜻한 지역일수록 벚꽃의 개화가 빠르므로 $t_1<t_2<t_3$라고 나타낼 수 있다.

29

노래방은 적분으로 계산하면 점수가 잘 나온다

노래방에서 100점을 받으려면 어떻게 해야 할까? 간단하다. 감점 요소를 가능한 한 줄이고, 가점 요소를 최대한 늘리는 것이다.

철수와 영희가 노래방에 갔다. 일본 노래방에는 노래 한 곡을 다 부르면, 마지막에 소비한 칼로리를 알려주는 기계도 있다. 혹시 어떻게 소비 칼로리가 표시되는지 신기하게 생각한 적은 없는가?

차분한 발라드를 부르면 소비 칼로리는 낮고, 격하게 소리를 지르는 록을 부르면 소비 칼로리가 많이 측정된다는 사실을 알아차린 사람도 많을 것이다.

사람이 소리를 내면 소리의 크기에 따라 대략적으로 그 사람이 소비한 칼로리 수치가 표시된다. 그리고 한 소절을 열심히 노래하며 칼로리를 소비할 때마다 그 값이 더해지는 것이다. 이때 '합계하다'라는 작업이 바로 적분에 해당한다.

예를 들어 다이어트를 하고 싶은 사람이 있다고 가정하자. 이때 그는 최대한 빠른 노래를 불러야 한다. 그러면 더욱 많은 칼로리를 소비하므로 얼마 되지 않을지 몰라도 살이 빠질 가능성이 높아진다.

또 노래방 기계는 한 곡이 끝나면 점수를 계산한다. 이는 과연 어떤 기준으로 도출되는 것일까?

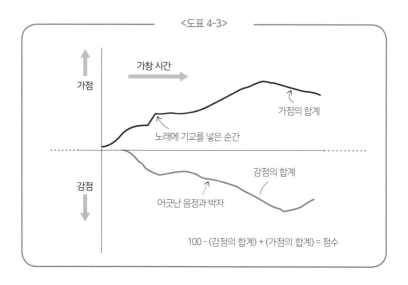

<도표 4-3>

가점

가창 시간

노래에 기교를 넣은 순간

가점의 합계

감점

감점의 합계

어긋난 음정과 박자

100 - (감점의 합계) + (가점의 합계) = 점수

노래방 점수에는 가점과 감점, 두 가지 계산 방법이 있다. 가점은 앞에서 다뤘던 소비 칼로리와 동일한 구조다. 바이브레이션, 애드리브 등 뛰어난 기교를 동원하여 노래하면 점수에 테크니컬 포인트가 추가된다.

반면에 감점은 어긋나는 음정이나 박자 등을 감지하여 그 수가 많으면 많을수록 받을 수 있는 점수가 줄어드는 것이다. 그렇게 한 곡이 끝나면 기계에는 만점에서 감점된 점수가 표시된다(〈도표 4-3〉 참고).

최고 점수는 100점 만점이다. 그러므로 감점되지 않고 노래한 사람이 더 기교를 부린다고 하더라도, 테크니컬 포인트는 추가로 더해지지 않으므로 100점 이상의 점수를 받을 수 없다.

이쯤에서 노래방을 좋아하는 사람의 사례를 생각해보자. 그 사람은 얼마 뒤 개최되는 노래방 대회에 출전하여 100점을 받기 위해 혼자 노래방에서 열심히 연습하고 있다. 100점을 받기 위해서는 감점 요소를 가능한 줄이고, 가점 요소를 최대한 늘릴 필요가 있다. 본인이 직접 녹음한 음원 파일을 들으며 음정, 박자가 어긋나지 않게 노래하는 연습을 하는 것도 하나의 방법이다.

또 최근 노래방 기계 중에는 노래하는 사람이 어느 부분에서 음정이나 박자를 틀렸는지 알려주는 기계도 있다고 한다. 그를 바탕으로 부족한 부분을 중점적으로 연습하는 것도 효과적이다. 또 자신에게 잘 맞는 음정의 곡을 선택하는 것도 중요하다. 그래야 음정이나 박자를 틀리는 일이 적어지기 때문이다. 이러한 미세하고 사소한 조정을 반복해 나가며 점점 100점에 도달하는 것이다.

노래방에서는 세 종류의 적분이 사용되고 있다. 소비 칼로리와 득점의 가점과 감점이다. 이를 미리 파악하고 있으면 노래방을 더욱 즐길 수 있을지도 모른다.

계산식

가점의 합계를 $f(t)$, 감점의 합계를 $g(t)$(t는 시간)라고 한다.
노래의 시작 시간을 a, 종료 시간을 b라고 할 때 실제 점수는
$100g(b) + f(b)$라고 나타낼 수 있다.
또한 소비한 칼로리의 강도를 $h(t)$라고 한다면 소비 칼로리의 합계는
$\int_a^b h(x)dx$로 나타낼 수 있다. 만약 노래의 1절에서 연주를 그만두는 경우,
중심으로 하는 시간을 c라고 할 때, 소비 칼로리는 $\int_d^c h(x)dx$가 된다.

30

애니메이션은 미분이 주는 선물이다

어떤 애니메이션이든, 그 속의 캐릭터는 움직여야만 한다. 이때 캐릭터의 움직임을 나타내기 위해 미분의 사고방식이 사용된다.

철수는 최근 마음에 드는 애니메이션을 발견했다. 그래서 애니메이션이 어떻게 제작되는지 흥미를 갖고 조사하다가, **애니메이션이 무려 미분으로 만들어진다는 사실을 깨닫게 되었다.**

애니메이션은 플립 북과 유사한 원리로 만들어진다. 그림 한 장, 한 장 다시 말해 한 컷, 한 컷은 정지 화면이지만, 그 그림에 약간의 변화를 더해 연속하여 비추어 움직이는 것처럼 보이게 만드는 것이다. 1초에 24장 등 꽤 많은 그림을 사용하기 때문에 제작을 위해서는 엄청난 작업량이 필요하다. 지금 얼마나 캐릭터가 움직이고 있는지를 파악하고, 캐릭터의 이후 움직임을 추측하는 데 미분이 사용된다.

미분의 사고방식으로 보면 애니메이션 캐릭터 움직임의 크기에 따라 그래프 변화가 크게 달라진다.

애니메이션 주인공의 움직임을 나타낸 그래프 〈도표 4-4〉를 살펴보자. 주인공의 행동이 대적하는 상대보다 우월할 때, 주인공의 움직임이 커지므로 그래프의 파도는 높아진다. 반대로 대적 상대에게 공격을 당한다면 주인공의 움직임이 작아지므로 그래프의 파도는 아래

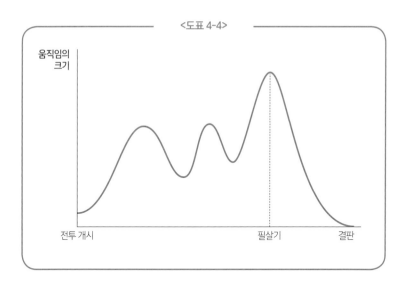

<도표 4-4>

움직임의
크기

전투 개시　　　　　　　　　　　　　필살기　　　결판

를 향해 낮아진다.

그래프로 나타내면 현시점에서 대적 상대보다 얼마나 유리해졌는
지를 알 수 있어, 앞으로를 대비한 작전을 세울 수 있다.

일반적으로 액션 배틀에서 결판이 났다고 하면 대부분 한 쪽이 패
배했을 때, 당장 움직일 수 없게 되어 그래프의 파도가 0(제로)이 된
경우일 것이다. 하지만 애니메이션의 경우, 그래프의 파도가 낮아져
0(제로)에 가까워졌다고 해도 이는 패배한 것이 아니다. 전투가 끝나
승부가 났기 때문에 움직임을 멈추었을 뿐이다.

캐릭터가 적과 겨루는 장면을 조금 더 생각해보자.

결투를 시작하기 전, 적과 대치하는 장면에서는 모든 캐릭터가 멈
추어 있으므로 움직임은 없다. 하지만 결투가 시작되면 모든 캐릭터
가 격렬하게 움직이기 때문에 그래프의 파도는 높아진다. 그리고 바

로 필살기를 사용한다. 그 순간 액션이었던 경우에는 그래프가 최대치가 되지만, 예를 들어 광선 등을 휘두르는 경우 주인공 본인은 정지해 있기 때문에 그 정도로 그래프가 크게 변화하지 않는다.

이런 애니메이션의 움직임 그래프는 주인공에만 해당하는 것이 아니다. 예를 들어 주인공 친구나 지나가는 차도 움직이고 있다. 그리고 하늘의 구름이나 바다의 파도 등 주인공 이외에도 다양하게 움직이는 것이 존재한다. 각각의 움직임을 쌓아나간 것이 하나의 작품이 된 것이다.

예를 들어 연애 애니메이션 등 갈등이 크지 않은 스토리라고 해도 캐릭터는 움직이고 있다. 이 경우도 어떤 에피소드인지에 따라 캐릭터의 움직임이 달라질 것이다. 미분 그래프 또한 캐릭터의 움직임에 의해 변화하는 것이다.

계산식

애니메이션의 시간을 t, 캐릭터의 위치를 $f(t)$라고 하면 캐릭터가 움직이는 모양을 $\dfrac{df}{dt}$ 라고 쓸 수 있다.

캐릭터가 크게 움직이면 $\dfrac{df}{dt}$ 의 값은 커지며, 캐릭터가 정지해 있을 때는 $\dfrac{df}{dt}$ 의 값이 0이 된다($f(t)=0$).

이러한 $\dfrac{df}{dt}$ 의 완급 조절을 잘할수록 자연스럽고 보기 좋은 애니메이션이 완성된다.

31

영화 흥행은 미분으로 예측할 수 있다

영화 흥행이나 SNS 상에서 화제가 되는 것은 미분으로 설명할 수 있다. 또한 화제성이나 언급하는 게시글이 줄어드는 것도 미분으로 설명할 수 있다.

철수는 SNS로 '인기 검색어'를 확인하는 습관이 있다. 요즘 무엇이 유행하는지 알고 싶을 때 매우 편리하며, 실시간으로 최신 뉴스를 접할 수 있기 때문이다. 특히 자신이 관람한 영화의 감상 둘러보기를 할 때 매우 유용하다.

며칠 전, 철수는 개봉 첫날인 어떤 영화를 보러 갔다. 영화가 너무 재미있어 분명 흥행하리라 생각하고 있었는데, 갑자기 흥행 수입과 관람객 수가 늘어나더니 SNS 인기 검색어에도 영화 관련 키워드로 도배되었다. 하지만 새롭게 개봉하는 영화로 금방 화제가 옮겨가면서 관람객 수가 감소하고, 인기 검색어에서도 어느새 사라져 버렸다(《도표 4-5》 참고).

최근 수십 년 동안 스마트폰 보급 등 기술 진보의 영향으로 우리와 인터넷 사이의 장벽은 매우 낮아졌다. 그 결과 우리는 이전보다 SNS와 관계할 기회가 눈에 띄게 증가했다.

이와 같은 배경 속에서 새롭게 탄생한 기능이 바로 '인기 검색어'다. 인기 검색어는 SNS에서 광범위하게 확산되어 평소보다 훨씬 많이 주목받는 최신 뉴스나 흥미로운 토픽을 말한다. '오늘'이나 '나'라는 평범한 단어는 평소에도 많이 게시되고 있기에 인기 검색어에는 포함되지 않는다. 참고로 인기 검색어는 뉴스 방송 등 언론에서도 자주 다루는 소재다.

한 번 인기 검색어에 오르면 정보의 확산 속도가 비약적으로 빨라진다. 예를 들어 대지진 등 재해가 발생하면 많은 사람이 그 현상에 대해 게시글을 작성한다. 그럴 때, SNS에서 트렌드를 조사함으로써 뉴스나 라디오보다 먼저 재해 상황을 파악할 수 있다는 특징이 있다.

이러한 현상은 미분으로 설명할 수 있다. SNS에서 시간당 게시글 수를 파악하여 미분의 식으로 생각할 수 있는 것이다. 가로축을 시

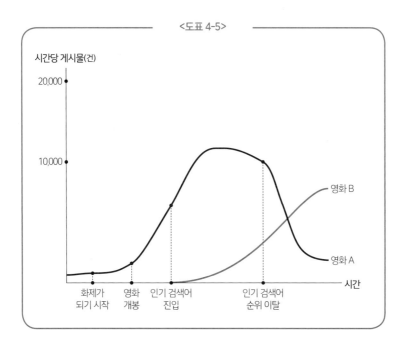

<도표 4-5>

간, 세로축을 시간당 게시글 수로 하는 그래프를 생각해보자. 화제가 되는 동안에는 게시글 수가 크게 증가하므로 그래프도 우상향하며, 많은 사람에게 그 정보가 전달되어 인기 검색어에 오른다. 그러나 다른 새로운 뉴스 등이 진입하면 점차 게시글 수가 감소하면서 인기 검색어에서 밀려나게 된다.

인기 검색어에 진입해 있는 동안은 화제의 중심이 된 상태로, 일종의 축제와 같은 떠들썩함이라고 말할 수 있다. 다양한 화제의 흐름을 이해하기 위해서도 가끔 인기 검색어를 확인하는 것이 좋을지도 모르겠다.

계산식

트렌드를 계산식으로 나타내면, SNS에서의 1시간당 게시물 수를 $f(t)$, 게시물 수의 증감을 $\dfrac{df}{dt}$ 라고 할 수 있다(t는 시간).

$\dfrac{df}{dt} > 0$일 때는 언급 횟수가 많다(주목받고 있다). 한동안 주목받는 것으로, 인기 검색어에 들어가기도 한다. 항상 언급 횟수가 많은 단어라면 게시물 수가 그 이상 증가하는 경우는 그다지 없으므로 ($\dfrac{df}{dt}$가 0보다 커지기 어렵다), 인기 검색어에 들어가지 않는다.

이러한 구조에 의해 꾸준히 유행하는 단어는 인기 검색어에 포함되지 않도록 설정되어 있다($f(t)$가 크면 증가하기 어려우므로 $\dfrac{df}{dt}$도 작아진다).

32

경마의 배당금은 적분으로 결정된다

말의 실력은 다양한 요인으로 결정된다. 온종일 어떤 생활을 하고, 좋은 먹이를 먹고 알맞은 훈련을 하는지 말이다. 이러한 요인의 축적이 적분의 사고방식이다.

철수의 어머니는 응원하는 경주마가 있다. 아주 강한 암말이다. 그러나 얼마 전에는 마권을 구매한 말이 상태가 조금 좋지 않아 패배하고 말았다. 어머니가 경마에서 손해를 보지 않기 위해서는 어떻게 하면 좋을까?

당연하지만, 경마에서 이기기 위한 가장 좋은 지름길은 패배하지 않는 말의 마권을 구매하는 것이다.

경주마에게는 패배하기 쉬운 말과 패배하기 어려운 말이 있는데, 이를 '승률'이라는 단어로 표현한다. 한 번도 진 적이 없는 말은 승률 100%다. 그리고 한 번도 이긴 적 없는 말은 승률 0%다. 가능한 승률이 높은 말의 마권을 구매하는 것이 패배하지 않는 비결 가운데 하나라고 할 수 있다. 그러나 승률만으로는 알 수 없는 것이 있다. 바로 라이벌의 실력에 따라 승리 가능성이 크게 달라진다는 점이다.

마권을 살 때 주목해야 하는 숫자가 있는데, 바로 배당금(odds)이다. 배당금이란 '구매한 마권이 몇 배가 되어 돌아오는가?'를 가리키는 숫자다. 수많은 말 가운데 어떤 말이 제일 먼저 들어올지 예상하

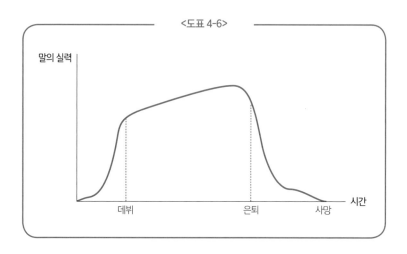

<도표 4-6>

말의 실력

데뷔　　　　　　　　은퇴　　　사망　　시간

는 방법을 '단승식'이라고 한다. 강한 말, 즉 이길 가능성이 높은 말의 경우에는 배당금이 낮다. 철수의 어머니가 구매한 마권은 배당금이 1.2배였다. 다시 말해 100엔을 걸면 120엔이 되는 것이다.

어떤 말의 마권을 구매할 것인지는 다양한 요인으로 판단한다. 마권 구매의 고수가 되면 말의 상태, 기수의 상태, 그날의 날씨, 경마장 상태, 경쟁하는 말들의 실력이나 체격 등을 고려해 종합적으로 판단한다. 각 요인이 복잡하게 섞이며 마권의 판매 추세에 변화가 생긴다. 마권의 판매 추세가 달라지면 당연히 배당금 숫자도 바뀐다. **그 작은 변화를 거듭하는 데 적분이 사용되는 것이다.**

이제 말의 실력에 대해 생각해보자. 말이 온종일 어떤 생활을 하는지가 말의 실력에 깊게 관계한다. 좋은 먹이를 먹고, 알맞은 훈련을 하면 그 말은 강해진다. 다시 말해 그동안 쌓아온 것들이 현재 그 말의 실력인 것이다. 이러한 축적도 적분으로 생각할 수 있다(〈도표

4-6〉 참고).

이러한 사고방식은 경마에만 해당하는 것이 아니다. 경륜, 경정, 자동차 경주 또한 배당금이 존재하며, 다양한 조건으로 그 숫자를 결정하고 있다.

철수의 어머니가 레이스에서 나름 승리하기 위해서는 가장 배당금이 낮은, 다시 말해 가장 이길 것 같다고 예상되는 말에 투표하는 것이 가장 좋을 것이다. 하지만 그 말은 너무 안전하기 때문에 받을 수 있는 돈도 그다지 많지 않아 한 방을 노리는 사람에게는 적합하지 않은 방법이다.

철수의 어머니는 응원하는 말의 마권을 구매하고 있으므로 반드시 배당금의 숫자만 보고 선택하지 않는다. 그러나 철수의 어머니가 응원하는 말의 배당금이 매우 높다면, 이는 승리할 확률이 높지 않다는 뜻이다. 그러므로 너무 많이 걸지 않는 것이 좋다.

33

개인 트레이너는 미분을 통해 최적의 운동을 고안한다

다이어트 과정을 보려면 몸무게 추이를 그래프로 나타내는 것이 일반적인데, 이때 그래프 모양은 미분의 그래프이다.

철수의 어머니는 최근 약간 살이 찌면서 좋아하는 치마가 작아져 입을 수 없게 되었다. 그래서 앞으로 3kg을 감량하기로 마음먹고 개인 트레이너를 찾아가 운동을 시작했다.

다이어트가 목적인 개인 트레이닝의 경우, 복근 운동 등의 근력 운동이나 몸을 키우는 밸런스볼 등의 운동 프로그램이 들어간다. 이런 프로그램을 계획대로 이행하면 어머니는 약 3개월 후에 목표 체중을 달성할 것 같다.

다이어트의 과정을 보기 위해서는 몸무게의 추이를 그래프로 나타내는 것이 일반적이다. 근력 운동의 경우 다음 날 바로 체중이 감량되지 않고, 운동량의 증가에 따라 서서히 줄어든다. 그렇다고 운동량을 많이 늘리면 늘릴수록 잘 감량할 수 있다는 말도 아니다. 적절하게 운동량을 조절하는 것이 피로를 지나치게 쌓지 않으며 효과적인 것이다.

철수의 어머니는 몸무게가 줄기 시작하자, 그만 긴장이 풀려 과식을 하고 말았다. 그러자 몸무게가 원래대로 돌아갔다. 아무리 좋은

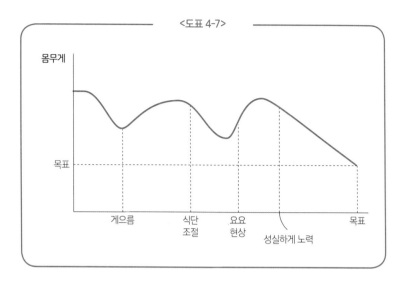

<도표 4-7>

운동 프로그램을 짠다고 하더라도 그를 실행하는 사람의 일상생활이 흐트러진다면 체중 감량은 불가능하다.

그리고 어머니는 몸무게가 증가했다고 트레이너에게 잔소리를 듣고 싶지 않은 나머지, 다음 날 식사를 아예 하지 않았다. 몸무게는 바로 줄었지만 요요 현상의 탓인지 이후에는 이전보다 더 몸무게가 증가하고 말았다.

트레이너는 체중과 체지방량, 본인의 의욕, 기초 체력 등을 종합적으로 판단하여 앞으로의 식단을 구성한다. **이렇게 앞으로의 몸무게에 대한 예측에는 미분이 사용된다.** 트레이너는 본인의 풍부한 경험을 활용하여 시간의 경과에 따른 몸무게 변화를 예측하고, 적절하게 지도하고 있다.

또한 기본적으로 운동 프로그램은 운동하는 사람이 요령을 피우지 않는다는 것을 전제로 구성한다. 그러나 철수의 어머니처럼 유혹에 져버리는 사람이 나오는 경우가 있다. 그러자 트레이너는 그때부터 데이터를 새롭게 조정하여, 본인에게 부담이 가지 않도록 신경 쓰면서 목표 몸무게로 향하는 지름길을 다져나간다.

식단을 조절한 철수의 어머니는, 그때부터 반성하고 성실하게 노력하여 무사히 목표 몸무게를 달성할 수 있었다.

계산식

자신의 몸무게를 $f(t)$ 라고 하며(t는 시간), 몸무게의 변화를 $\dfrac{df}{dt}$ 라고 한다.

운동을 계획적으로 순조롭게 한다면 $\dfrac{df}{dt}$ 는 마이너스가 되며($\dfrac{df}{dt}<0$),

운동을 게을리하여 다이어트에 실패의 조짐이 보일 때는

$\dfrac{df}{dt}$ 가 플러스가 된다($\dfrac{df}{dt}>0$).

또한 이상 몸무게를 유지하고 있을 때는 몸무게의 변화가 없으므로

$\dfrac{df}{dt}=0$ 이 된다.

34

보드게임은 미분으로 계산한 사람이 승리한다

보드게임이든 장기든 바둑이든 흔히 '수를 읽는다'라는 것이 바로 미분의 사고방식이다. 대국에서 일찍 기권하는 것도 수를 읽는 미분 계산을 마쳤기 때문이다.

철수와 영희는 오셀로 게임을 하며 놀고 있다. 선공인 철수는 검은색 돌, 후공인 영희는 하얀색 돌이다.

오셀로는 64칸으로 나누어진 원판에서 어느 색이 구획을 더 많이 차지하는지에, 따라 승패가 결정된다. 게임 중반에는 자신이 우세하다고 하더라도 상대방의 돌 사이에 낀 자신의 돌이 한꺼번에 뒤집히는 경우가 있어 승패는 마지막까지 예측할 수 없다.

철수의 차례가 되었다. 검은색 돌을 놓을 수 있는 칸은 3곳이다. 어느 칸에 놓는지에 따라 이후 승패의 명암이 나뉠지도 모른다. 어디에 놓으면 유리하게 게임을 끌어나갈 수 있는지, 돌을 놓기 전에 예측해야 한다.

누구나 자신이 가장 유리한 곳에 돌을 놓아서 상대를 궁지에 몰아넣고 싶어 한다. 다음 한 번으로 가장 많은 구획을 차지할 수 있는 곳에 돌을 놓는다고 하더라도, 또 그다음에 상대방이 자신의 돌을 뒤집을 가능성도 있다. 그러므로 다음 한 수만 추측한다고 게임이 유리하게 돌아간다고 단언할 수 없다. 장기나 체스 등과 마찬가지로

'몇 수 앞을 내다보고 대전하는 사람이 강한 자'라고 할 수 있다.

다음 한 수에 의해 대전의 상황이 얼마나 변화할 것인지 그에 대한 분석도 미분의 사고방식이다. 하지만 오셀로 시합 중에 그것을 하나하나 컴퓨터로 분석할 수는 없다. 인간은 알게 모르게 머릿속으로 미분의 사고 회로를 돌리고 있는 것이다.

세 곳 가운데 가장 유리한 한 수, 다시 말해 최선의 수를 두었을 때 게임은 보다 유리하게 전개된다. 가장 불리한 한 수, 즉 최악의 수를 두었을 때 게임은 더 불리하게 돌아간다. 경우에 따라 한 수만으로 승패가 확정되는 경우가 있을 수도 있다. 유리하지도, 불리하지도

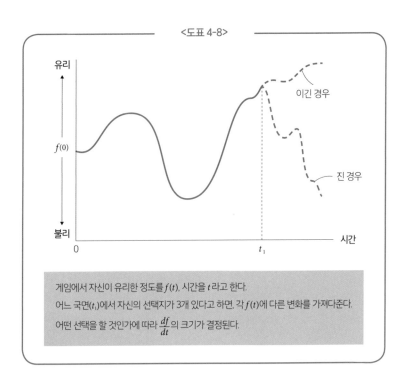

<도표 4-8>

게임에서 자신이 유리한 정도를 $f(t)$, 시간을 t 라고 한다.
어느 국면(t_1)에서 자신의 선택지가 3개 있다고 하면, 각 $f(t)$에 다른 변화를 가져다준다.
어떤 선택을 할 것인가에 따라 $\dfrac{df}{dt}$의 크기가 결정된다.

않은 수를 두었을 때는 변화가 일어나지 않는다. 만약 이 상태에서 게임에서의 유리함과 불리함을 추측하는 그래프를 그린다면, 아마도 제자리걸음일 것이다.

이렇게 유리함과 불리함을 추측하는 그래프는 자신이 둔 수만으로 달라지지 않는다. 상대의 수에 따라서도 게임의 전개가 변화하기 때문이다. 예를 들어 상대방이 나에게 매우 곤란한 위치에 돌을 둔다면, 나의 형세는 불리해진다. 상대가 잘못된 수를 두었을 때는 반대로 내가 유리해지기도 한다. 이와 같을 때, 승부의 유리함과 불리함의 그래프가 변화하는 것이다.

오셀로 게임에서 대략 60번째 수에 승패가 결정된다. 승리가 확정된 경우, 승률은 100%가 된다. 다시 말해 그래프의 가장 높은 위치가 되는 것이다. 반대로 패배한 경우, 승률은 0%이므로 그래프는 가장 낮은 위치가 된다.

계산식

자신이 유리한 정도(승률)를 $f(t)$라고 하며(t는 시합의 전개),
대전 상황의 변화를 $\dfrac{df}{dt}$라고 한다.

만약 잘못된 수를 두었다면 $\dfrac{df}{dt}$는 마이너스가 되고($\dfrac{df}{dt} < 0$),

유리한 수를 두었다면 $\dfrac{df}{dt}$는 플러스가 된다($\dfrac{df}{dt} > 0$).

오셀로와 같은 2인용 게임에서는 승률 $f(t)$가 $\dfrac{1}{2}$보다 큰 사람이 유리하다.

프로들의 경기에서는 상대가 60번째 수보다 더 빨리 기권하는 경우가 있다. 이는 이후의 수를 모두 읽고, 자신의 승률이 0%라는 것을 확신했기 때문이다. 이것 또한 미분의 사고방식이라고 할 수 있다.

제 5 장

커뮤니케이션 속의

미분과 적분

35

내신 점수는 적분으로 계산한다

인생에는 몇 가지 큰 이벤트가 있다. 또 인간관계로 고민하는 일도 있을 것이다. 앞으로의 인생이 크게 변화할 것 같은 결단의 순간, 당신은 무의식중에 미분과 적분을 사용한다.

영희는 일본 고등학교 추천 입시에 도전하기로 마음을 먹었다. 추천 입시에서는 내신 점수도 합격 여부의 판단 기준으로 사용된다.

내신 점수란 일반적으로 학교생활의 성적을 가리킨다. 크게 5단계 평가로 표시되며, 각 학기에 받는 평가를 바탕으로 계산된다. 다시 말해 영희의 경우, 중학교 1학년 1학기부터 추천 입시를 보는 중학교 3학년 1학기까지의 평가의 평균으로 판단되는 것이다.

영희가 1학년일 때는 공부 방법을 잘 몰라 성적이 그다지 좋지 않지만, 철수의 도움을 받아 공부하면서 점차 점수가 향상되었다. 수업에서 빠지지 않고 과제를 제출하는 등의 노력으로 성적(평가)이 점점 오르게 되었다.

그렇다면 과연 내신 점수는 어떻게 계산할 수 있을까? 일반적으로 내신 점수는 수업 태도나 수행평가의 결과, 지각이나 결석 수 등의 축적이다. 모든 부분에서 나무랄 데 없는 사람은 최고 점수를 받는다. 그러나 수업 태도도 나쁘고, 수행평가 결과도 좋지 않으며 지각이나 결석이 많고 숙제도 제출하지 않는 그런 사람은 최하 점수를 받을 것이다.

내신 점수를 계산하는 방법은 학교마다 다르지만, 주로 적분이 사용된다. 3년 동안 쌓아온 학습을 점수로 나타낸 것이 내신 점수이므로, 어느 학기의 성적이 극단적으로 낮으면 평균 또한 하락한다. 다른 학기의 성적이 어느 정도 괜찮아도, 최고의 내신 점수를 받기는 어려운 것이다. 성적을 결정할 때는 각 학생의 지각이나 숙제 제출 현황 등의 데이터를 바탕으로 계산이 이루어지고 있다.

평상시 수업 태도가 좋은 사람의 경우, 내신 점수가 높으므로 추천 입시가 매우 유리하다고 할 수 있다. 그러나 지각이 잦거나 평상시 수업 태도가 불량한 사람은 내신 점수가 낮으므로 불리할 가능성이 있다. 입시 방법을 일반 시험으로 변경하는 것이 합격하기 더 쉬울지도 모른다.

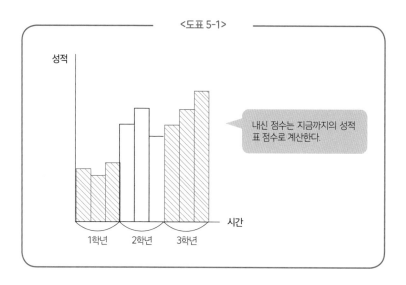

<도표 5-1>

성적

내신 점수는 지금까지의 성적
표 점수로 계산한다.

1학년 2학년 3학년 시간

이처럼 매일매일의 행동에 대한 점수 평가는 내신 점수에만 해당하는 것이 아니다. 직장인의 성과급을 조정할 때, 직원의 평상시 태도를 점수화하는데, 그 점수가 상여금의 액수를 좌우한다. 평소에 꾸준하게 열심히 일한 사람은 이러한 평가 제도가 좋을 것이다. 그러나 게으름을 피우는 사람은 그다지 유쾌한 기분을 느끼지 못할 것이다.

게으른 사람이 인간적으로 나쁘다는 말이 아니다. 예를 들어 매우 획기적인 엄청난 기획을 제안하거나 영업에서 큰 계약을 따오는 직원의 경우, 평상시 나태해지기 쉬운 사람도 상쇄될 만한 높은 평가를 얻을 수 있다.

대학 등 추천 입시에서도 마찬가지다. 성적이 크게 좋지 않아도 스포츠나 어떠한 콩쿠르에서 입상하면, 꽤 좋은 평가를 받아 대학에 합격할 수도 있다. 대학 입시에서는 자신에게 맞는 형식의 평가 제도를 활용하는 것이 중요하다.

계산식

학교생활의 성과를 $f(t)$라고 한다(t는 시간).

졸업을 b, 입학을 a라고 하면, $\int_a^b f(x)dx$의 값에 따라 대략적인 내신 점수를 알 수 있다.

1학년 시기를 a~c, 2학년 시기를 c~d, 3학년 시기를 d~b라고 하면

각 내신 점수는 약 $\int_a^c f(t)dt$, $\int_c^d f(t)dt$, $\int_d^b f(t)dt$라고 쓸 수 있다.

36

인터넷 방송 크리에이터의 인기도는
적분으로 볼 수 있다

유튜브나 틱톡 등에 크리에이터가 업로드를 하고 꾸준히 구독자를 즐겁게 해주면 구독자 수가
늘어난다. 이렇게 차츰차츰 쌓이는 축적으로 크리에이터는 인기가 많아진다.

영희에게는 요즘 재미있게 보는 인터넷 방송 크리에이터가 생겼다. 영
희는 그 사람의 방송을 보면서 항상 웃고 있다. 그리고 그의 구독자
수가 증가하면 '인기가 상승했다'며 기뻐한다.

　어느 날, 그 방송에 '후원 기능'이 추가되었다. 그 기능을 추가하기
위해서는 몇 가지 조건이 필요하다고 한다.

　후원 기능이란 마음에 드는 크리에이터에게 아이템이나 포인트 등
을 선물하여 응원하는 시스템을 말한다. 구독자들의 후원은 크리에
이터의 수입이 된다. 동영상 사이트가 수수료를 가져가기 때문에 후
원받은 금액의 전부가 수입이 되는 것은 아니지만, 크리에이터에게는
귀중한 수입원이라고 할 수 있다.

　그러나 크리에이터에게 이러한 후원 기능을 부여하기 위해서 조건
을 붙이는 사이트도 있다. 후원 기능을 활용하기 위해 '구독자 수가
1,000명 이상, 동영상 누적 시청 시간 4,000시간 이상'이라는 조건이
필요한 사이트도 있다.

　그러므로 크리에이터는 방송을 시작한 후, 인기를 끌고 구독자 수

가 증가하도록 꾸준히 노력해야 한다. 인기를 얻기 위해서는 주기적인 동영상 업로드가 필요한데, 그래야 시청자들이 얼굴과 이름을 기억하고, 팬이 되어 채널을 구독할 수 있기 때문이다.

그렇다면 어떻게 해야 사람들이 팬이 될까? 단순히 동영상 업로드만으로는 인기가 오르지 않는다. 시청자가 재미를 느끼고 '이 사람 방송을 더 보고 싶다'라는 생각이 드는 순간, 비로소 그들은 채널을 구독한다.

동영상 사이트의 구독자 수가 증가하는 상황은 적분으로 생각할 수 있다(《도표 5-2》 참고). 팬은 하루아침에 생겨나는 것이 아니다. 크리에이터가 업로드한 동영상을 검색하다가 발견하고, 그를 보고 영상이 마음에 든 사람이 팬이 된다. 따라서 우선 사람들이 동영상을

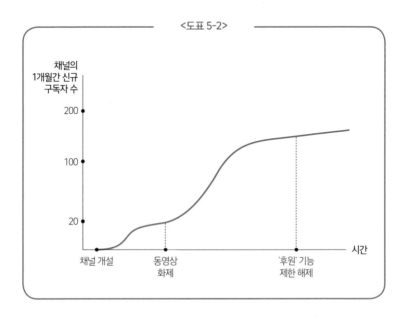

<도표 5-2>

보게 만드는 특별한 타이틀이나 섬네일(이미지 동영상)을 만드는 것이 중요하다.

꾸준한 연구와 노력으로 끊임없이 구독자를 즐겁게 해줌으로써 팬의 증가에 탄력을 받을 수 있다. 그렇게 시간이 지나며 쌓인 팬의 수가 채널의 구독자 수로 표시되는 것이다. 적분의 사고방식으로 연결되는 것은, 바로 축적이다. 많은 사람이 동영상의 존재를 깨닫게 되면 구독자 수도 금방 증가할 것이다.

그러다 어느 날, 운 좋게 텔레비전이나 유명인이 어떤 동영상을 언급하여 화제를 모아 엄청난 재생수를 기록한다면 구독자 수도 많이 증가할 것이다.

그러나 사건에 휘말려 비난이 쇄도하면, 채널 구독자 수는 감소할 수 있다. 구독자를 불쾌하게 만들지 않는 채널 운영도 필요하다.

영희도 크리에이터에게 후원하여 응원하고 싶었지만, 아직 미성년

계산식

채널 구독자 수의 증감을 $f(t)$라고 하며(t는 시간), 한 달 동안 $f(t)$명 증감하는 수준의 속도라고 가정한다.

이때 채널 구독자 수는 $\int_a^b f(t)dt$로 나타낼 수 있다(a는 현재 시점, b는 채널의 개설 시점을 의미한다). 이 값이 규정치를 초과한다면 후원이 가능해진다. 만약 급상승으로 인기를 얻으면 $f(t)$도 증가하므로, $\int_a^b f(t)dt$도 커진다. 다시 말해 '후원' 기능 제한 해제도 빨라지는 것이다.

자이기에 신용카드가 없어 후원은 불가능했다. 대신 그의 동영상을 끊임없이 재생하여 응원하기로 마음먹었다. 동영상 재생수가 많으면 광고 수입이 증가하여, 그 또한 응원하는 방법이었기 때문이다.

37

미분으로 계산하면 연애도 잘할 수 있다고!?

연애에서 호감도는 중요하다. 꾸준히 호감도를 쌓다가 한순간의 실수로 잃을 수도 있고, 꾸준히 노력하여 연애에 성공할 수도 있다. 이러한 호감도 변화가 미분이다.

영희는 밸런타인데이에 학원 선생님께게 드릴 초콜릿을 직접 만들고 있다. 학원 선생님은 친절하고 잘생기기까지 해서 만인의 연인이라고 했다. 영희는 철수에게 테스트용으로 만든 초콜릿을 나누어 주었다.

처음에는 영희처럼 동경의 감정으로 시작하였지만, 대화하면서 서로 특별한 감정으로 발전하는 경우도 분명 있을 것이다. 그러나 감정이 동경인 채로 끝나버려 연애로 발전하지 못하는 경우가 훨씬 많지 않을까?

연애 감정은 언제나 일정하지 않다.

예를 들어 연애를 막 시작했을 때는 정말 행복하고, 상대방의 좋은 점만 보인다. 그러나 교제한 기간이 길수록, 예를 들어 상대의 바람피는 정황을 발견하거나 폭력을 휘두르는 경우가 있을지도 모른다.

이처럼 큰 사건이 아니더라도, 예를 들어 데이트의 약속 시간에 날마다 지각하거나, 메시지의 답장이 오래도록 돌아오지 않는 등 작은 실망이 계속되면 점차 상대방에 대한 호감도가 떨어지기 마련이다. 반대로 연인의 생일에 깜짝 파티로 상대를 놀래주면 호감도를 올릴 수 있다. 다만 "이걸로 내 기분이 나아진다고 생각했어?"라며 뾰족하게 받아들일 가능성도 있다.

연애에서 상대의 호감도는 미분으로 어느 정도 계산하거나 추측할 수 있다. 세로축을 호감도, 가로축을 시간으로 나타낸 그래프를 그려 보자(〈도표 5-3〉 참고). 즉 시간이 지남에 따라 상대방의 호감도가 어떻게 변화하는지 파악할 수 있는 것이다. 시간이 지나면서 호감도가 올라가는 사람이 있으면 반대로 호감도가 떨어지는 사람도 있기 마련이다.

종종 "이렇게 돈을 들이는데 어째서 날 좋아해 주지 않는 거야!"라며 한탄하는 사람도 있는데, 연애는 투자한 금액으로 결정되는 것이 아니다. 아무리 돈을 쓰며 공들였다고 하더라도 자신에 대한 상대의

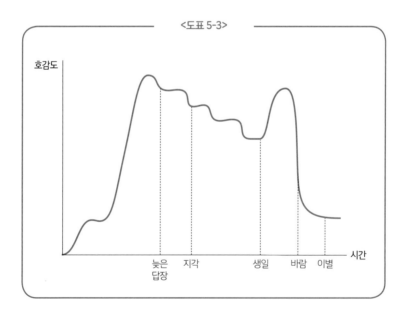

<도표 5-3>

호감도가 오르지 않는다면 의미가 없다. 어떻게 해야 자신의 호감도를 올릴 수 있는지 고민해야 한다.

하지만 조금씩 쌓아 올린 호감도도 큰 사건이 발생하면 모두 엉망이 되어버린다. 예를 들어 바람을 피우는 정황을 들켰을 때가 그렇다. 상대가 이를 절대 허용할 수 없다는 입장이라면, 그의 호감도가 순식간에 급락하여 이별을 맞이하는 경우도 있다.

이와 같은 상황을 만들고 싶지 않다면 평소에 연인의 성격을 잘 파악하고, 무엇을 하면 기뻐하는지, 무엇을 하면 화를 내는지 알아둘 필요가 있다.

상대방에 대한 데이터를 수집하여 앞으로의 대응을 생각한다. 미분의 사고방식을 활용하면 연애를 잘하는 데 도움이 될 것이다.

계산식

상대방의 호감도를 $f(t)$라고 하며(t는 시간), 호감도의 변화를 $\dfrac{df}{dt}$라고 한다.

상대방에 대한 인상이 악화된다면 $\dfrac{df}{dt}$는 마이너스가 된다($\dfrac{df}{dt} < 0$).

반대로 상대방을 기쁘게 만들면 $\dfrac{df}{dt}$는 플러스가 된다($\dfrac{df}{dt} > 0$).

만약 상대방이 싫어하는 행동을 미리 알아둔다면 $\dfrac{df}{dt}$는

쉽게 마이너스가 되지 않으므로 연애의 성공 확률이 높아진다.

38

따돌림 발생률은 미분으로 알 수 있다

따돌림의 발생을 가해자의 스트레스 발산에 달렸다고 한다면, 가해자의 스트레스는 스트레스의
양과 시간의 경과로 나타내는 미분 그래프라고 볼 수 있다.

철수의 사촌 동생인 영희가 사이가 좋았던 학원 친구들 사이에서 따
돌림을 당하고 있어 고민하고 있다.

영희는 최근 성적이 오르며 선생님께 칭찬받았는데, 같이 다니던
친구들 모두 그를 시샘하는 것 같다고 말했다.

어째서 사람은 따돌림의 가해자가 되고 마는 것일까? 그 이유를
몇 가지 생각할 수 있는데, 가장 큰 이유로 스트레스를 들 수 있다.
너무 많은 스트레스가 쌓여 한계치를 초과하면 따돌림이라는 행동
으로 표출되는 사람이 생기는 것이다.

반면에 스트레스를 느끼더라도 빠른 시일 내에 노래방 등에서 발
산하여, 지나치게 스트레스가 쌓이지 않도록 잘 조절하는 사람도 있
다. 스트레스를 잘 해소하지 못하면 마음속에 점점 스트레스가 쌓이
면서, 어느 순간 한계치에 도달해버린다.

스트레스가 한계치를 뛰어넘어도 모든 사람이 따돌림의 가해자가
되는 것은 아니다. 불면증으로 나타나는 사람이 있는가 하면, 식욕이
없어지는 사람도 있다. 어쩌면 집 안의 물건을 부수면서 스트레스를

발산하는 사람이 있을지도 모른다. 스트레스가 따돌림이라는 행동으로 표출되는 사람만 있는 것이 아니다.

또한 가해자의 모든 스트레스 원인이 따돌림의 피해자라는 말도 아니다. 가해자 본인에게 원래 스트레스가 쌓여 있었는데, 어쩌다 눈에 들어온 사람이 표적이 되었다고 생각할 수 있다. 다시 말해 따돌림이란 스트레스가 한계를 뛰어넘었을 때 나타나는 행동 중 하나인 것이다.

이렇게 스트레스가 쌓여가는 형태는 세로축을 스트레스의 양, 가로축을 시간의 경과로 하는 미분 그래프에서 볼 수 있다.

스트레스에 대해서는 앞에 나온 〈12. 적분으로 스트레스 수치를 알 수 있다〉에서도 이야기했다. 앞에서는 적분으로 생각했지만, 이번에는 미분으로 생각할 것이다. 왜냐하면 이번에는 '스트레스의 양'이

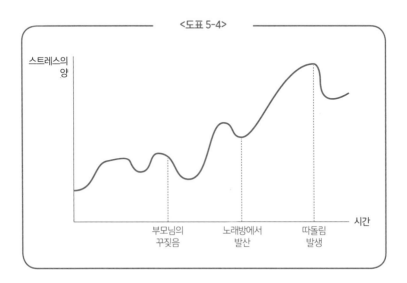

<도표 5-4>

아닌, '따돌림 발생 가능성'에 주목하고 있기 때문이다. 그 가능성을 알아두어야 따돌림 발생을 미리 방지할 수 있을지도 모른다.

〈도표 5-4〉를 보자. 그래프에서는 점점 스트레스가 증가하면서 위험 상태에 이르렀다는 사실을 알 수 있다. 다시 말해 이는 '따돌림이 발생하기 쉬운 상태에 도달했다'라는 의미다. 사건이 발생하기 전, 카운슬러에게 상담하는 등 건전한 기분을 유지할 필요가 있다.

영희는 이후 성적 우수자가 모인 우등생반으로 이동했기 때문에 더 이상 따돌림을 당하는 일은 없어졌다.

스트레스의 한계치를 뛰어넘어 다른 사람에게 공격적인 성격으로 변해버린다면, 결국 따돌리는 다른 사람에게 상처를 주게 된다. 그렇게 되면 더 이상 혼자만의 문제가 아니다. 그렇게 되지 않기 위하여 자기 조절을 신경 쓰는 것이 중요하다.

계산식

스트레스의 양을 $f(t)$라고 하며(t는 시간), 스트레스의 변화를 $\frac{df}{dt}$라고 한다. 노래방 등에서 스트레스를 발산할 때는 $\frac{df}{dt}$가 마이너스가 된다($\frac{df}{dt} < 0$).

반대로 고통 등으로 스트레스가 쌓이면 $\frac{df}{dt}$는 플러스가 된다($\frac{df}{dt} > 0$).

스트레스의 원인을 줄이면 $\frac{df}{dt}$는 플러스가 되기 어려워지므로 $f(t)$는 감소한다.

39

앞으로의 승진 확률은 적분으로 예상한다

직장에서 승진은 한 번에 되는 것이 아닌, 대부분 차근차근 과정을 거쳐야만 가능하다. 플러스와 마이너스를 하루하루 쌓아, 최종적으로는 플러스가 되어야 한다.

철수의 아버지가 회사에서 승진했다. 그래서 오늘 밤, 집에서 축하 파티를 열기로 했다.

취직하고 회사에 입사하면 승진할 기회가 찾아온다. 일부 회사에서는 승진을 위해 승진 시험에 통과해야 하는데, 철수의 아버지도 승진 시험에 통과하여 무사히 임원 자리에 오를 수 있었다.

승진 확률은 지금까지 쌓아 올린 실적에 따라 변화한다. 대학 졸업 후 바로 입사하여 아무런 실적이 없는 신입사원이 뜬금없이 승진하지 않는다. 입사하고 그동안 재직한 회사에서 꾸준히 실적을 낸 사람의 경우 갑자기 임원이 될 수가 있는데, 이는 매우 특별한 케이스다.

어느 정도 근속 연수와 경험을 쌓으면 "슬슬 승진해도 괜찮지 않을까"라는 이야기가 나온다. 승진 의사가 있는 사람은 승진 시험을 보거나 승진 희망을 전달하면 이후에 그 기회가 찾아온다.

승진 확률은 적분으로 알 수 있다.

자신이 그동안 쌓아온 실적을 머릿속에서 수치화하고 그를 더해나 감으로써 언제 승진할 수 있는지 추측할 수 있다.

그러나 실적은 반드시 덧셈만 있는 것이 아니다. 업무에서 실수하면 마이너스, 다시 말해 뺄셈이 되는 경우도 있다. 아무리 실적을 쌓아도, 그보다 더 크고 많은 실수가 존재한다면 승진 가능성은 희미해진다.

'실적의 수치화'라는 사고방식은 성과급에 대한 예측에도 사용할 수 있다. 성과급은 일반적으로 반기에 한 번 계산한다. 성과급 조정의 수치는 6개월 동안 쌓아 올린 실적으로 도출하는데, 반년이라는 기간을 세부적으로 나누어, 하루하루 실적을 계산하는 것이다. 다시 말해 매일 열심히 일하고 있다면 성과급이 나빠질 일은 없다.

예를 들어 어떤 젊은 사원이 입사 2년차에 담당한 기획을 크게 성

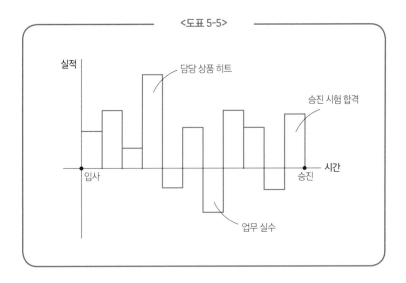

<도표 5-5>

공시키며 특별 성과급을 받을 정도의 실적을 올렸다. 그러나 3년차에 중요한 행사에서 엄청난 실수를 하고 말아, 평가가 크게 하락했다. 그러나 그 후 실수를 만회할 정도로 열심히 근무하여 입사 5년차에 보란 듯이 승진할 수 있었다.

하지만 직장인 생활은 길며, 한 단계 승진을 목표로 해야 한다는 의미가 아니다. 그 후로도 임원이라는 더 높은 곳을 꿈꾸며 앞으로 나아가야 한다. 긴장을 늦추지 않고 하나하나의 단계를 노력해야 할 필요가 있는 것이다.

적분으로는 어디까지나 '승진 확률'만 알 수 있다. 상사나 대표의 마음에 들지 않았다면 승진이 되지 않는 경우도 있을 것이다. 반대로 마음에 드는 경우, 승진하기에는 아직 이르지만 누구보다 빨리 임원으로 발탁될 수도 있다.

계산식

실적의 양을 $f(t)$라고 한다(t는 시간).

기간 t의 범위를 a부터 b까지라고 한다면(승진 시점을 b, 입사 시점을 a라고 한다), $\int_a^b f(x)dx$의 값이 클수록 쉽게 승진할 수 있다는 사실을 알 수 있다.

어떤 큰 실수를 했을 때($f(x)$의 어딘가가 엄청난 마이너스일 때)는 $\int_a^b f(x)dx$의 값도 감소하므로 그만큼 승진에서 멀어지게 된다.

자격시험의 학습 진도는 적분으로 볼 수 있다

시험을 위해서는 지식을 이해하고 머릿속에 새겨야 한다. 이러한 지식의 양이 늘어날수록 시험에 합격에 가까워질 것이다.

영희는 요즘 한자 검정 시험 3급을 공부하고 있다. 일본은 한국과 달리 3급은 상용한자 1,600자를 외워야만 하는데, 이는 하루에 5자씩만 암기해도 320일, 약 1년이 필요하다는 계산이 된다.

영희는 이미 한자 검정 시험 4급 자격증을 가지고 있다. 4급의 출제 범위가 한자 1,300자였기 때문에, 영희는 앞으로 한자 300자만 암기하면 된다.

그러나 영희는 어려움을 겪고 고전하고 있다. 동아리 활동으로 바빠 공부할 시간을 충분히 확보할 수 없어, 학습 진도가 좀처럼 나가지 않는 것이다. 영희는 사촌 오빠인 철수에게 고민을 상담했다.

철수는 '암기해야 할 한자의 수만큼 스티커를 구매해 방에 붙이는 방법'을 추천해주었다. 흥미로운 방법이라고 생각한 영희는 곧바로 행동으로 옮기고, 방에 300개의 칸이 있는 표를 붙였다. 그리고 암기한 한자의 수만큼 귀여운 분홍색 꽃 스티커를 붙이기로 결심했다.

검정 시험을 위해 갖추어야 할 지식의 양은 적분으로 생각할 수 있다. 영희는 표를 만들어 스티커를 하나씩 붙여 나갔는데, 여기에서 적분 그래프는 매일매일의 봉그래프로 생각할 수 있다. 예를 들어 열심히 공부한 날의 그래프는 길고 높으며, 열심히 하지 않은 날의 그래프는 짧고 낮다.

이때 지금까지 쌓아온 지식의 양은 결국 '늘어난 꽃 스티커의 개수'라고도 표현할 수 있다. 이것은 일종의 적분이라고 말할 수 있을 것이다.

영희에게는 스티커를 붙이는 행위가 동기부여가 되기도 했다. 이를 적분 그래프로 나타내면 '언제 열심히 했고, 언제 열심히 하지 않았는지' 매일매일의 성과를 눈으로 볼 수 있는 것이다.

처음에 영희는 계획한 대로 공부가 되지 않아 의욕을 잃은 상태였다. 그러나 철수의 조언을 받은 이후, 그래프가 급격하게 상승하였으며, 점점 공부에도 진척이 생겼다.

한편 한자는 한 번 외우면 영원히 기억할 수 있는 글자가 아니다.

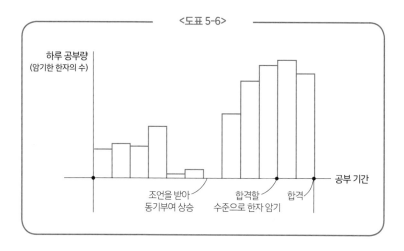

<도표 5-6>

모처럼 암기한 한자도 사용하지 않는다면, 시간이 흘러감에 따라 점차 잊어버리고 만다. 그를 위해서는 반복적으로 복습하는 자세가 필요하다.

이 상황을 나타낸 유명한 그래프가 바로 '에빙하우스 망각 곡선'이다. 이는 인간의 망각에 대한 그래프로, 이것에 따르면 '한 번 공부한 내용을 24시간 이내로 복습해야 금방 잊어버리지 않고 기억이 쉽게 정착한다'라는 실험 결과를 얻을 수 있다.

영희도 외운 한자를 쉽게 잊어버렸기 때문에, 새로운 한자를 공부하는 동시에 전날 학습했던 내용을 복습하려고 노력하였다. 벽에 붙이는 스티커가 늘어날 때마다 마치 방에 꽃이 핀 것처럼 화려해져, 그 수를 더 늘리고 싶은 마음에 더욱 열심히 공부하게 되었다.

덕분에 영희는 눈 깜짝할 사이에 한자 300자를 외울 수 있게 되었고, 보란 듯이 한자 검정 시험에도 합격했다.

계산식

하루에 암기한 한자의 수를 $f(t)$라고 표시한다.

만약 기간 t의 범위가 a(1개월 전)부터 b(현재)까지라고 한다면, 한 달 동안 암기한 한자의 양은 $\int_a^b f(x)dx$라고 쓸 수 있다.

이 값이 충분히 클수록(한자를 충분히 외우고 있다) 시험에 합격할 확률이 높다. 공부를 하는 사람일수록 $f(x)$가 크기 때문에 $\int_a^b f(x)dx$도 커지기 쉽다. 다시 말해 합격하기 쉬운 것이다.

41

행사를 담당하게 되었다면 미분으로 계산하자

전혀 관련이 없을 것 같은 다양한 행사에도 미분이 적용될 수 있다. 현장에서 분위기가 고조되면 그래프가 올라가고, 저조해지면 그래프가 내려간다.

철수와 영희는 친척 결혼식에 초대받았다. 결혼식이 시작하기 전, 사회를 맡은 남성과 짧게 회의하게 됐다. 철수와 영희가 신랑, 신부에게 꽃다발을 건네는 역할을 맡았기 때문이다. 사회자인 남성은 노래가 끝나면 문 앞으로 와달라고 했다.

사회자는 결혼식의 전체적인 흐름을 파악하여 어느 부분에서 분위기를 띄울 것인지를 고민하고 있었다. 신랑, 신부가 입장하며 박수를 받고, 친구들의 축사가 이어진다…. 이런 식으로 흘러가는 행사 가운데 어느 부분에서 웃음이 터지게 할지, 또 어느 부분에서 감동을 줄지 등 분위기를 고조시키는 포인트를 고민하여 계획을 짜고 있는 것이다.

결혼식이 잔잔하게 흘러가면 사람들은 금세 지루함을 느낀다. 반대로 계속 활기찬 분위기를 이어 나가도 피곤해한다. 환담 시간이나 식사하는 시간도 필요한 것이다. 적절하게 시간을 배분하는 것도 사회자의 일 중 하나다.

이처럼 분위기의 완급을 조절하는 방법도 미분 중 하나라고 말할 수 있다.

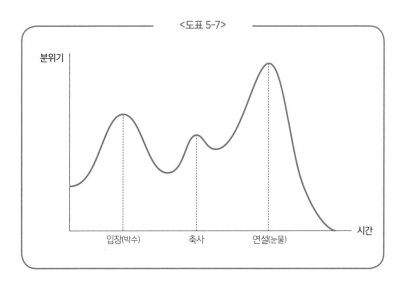

<도표 5-7>

분위기

입장(박수)　　　축사　　　연설(눈물)　　　시간

동영상을 재생하면 현장 분위기가 어떻게 바뀔지, 사회자는 그를 염두에 두고 전체적인 흐름을 계획한다. 사회자의 머릿속에는 눈에 보이지 않는 그러한 진행 그래프가 존재한다고 할 수 있다(《도표 5-7》 참고). 현장의 분위기가 오르면 그래프가 상승하고, 분위기가 조용해지면 그래프는 내려간다.

결혼식뿐만 아니라 많은 행사에 이런 진행 계획이 존재하며, 이벤트마다 분위기는 천차만별이다. 예를 들어 장례식은 그다지 분위기를 끌어올릴 필요가 없으며, 학회 등 진지한 자리도 웃음을 유발할 필요는 없다. 반대로 개그 행사의 경우, 웃음이 끊이지 않는 것이 좋다. 이렇게 이벤트마다 예상되는 진행 그래프는 모두 다르다.

철수와 영희는 노래가 끝난 후, 무사히 신랑과 신부에게 꽃다발을 전달할 수 있었다. 그다음은 결혼식에서 가장 분위기가 고조되는 신랑, 신부의 인사 시간이다. 그리고 그렇게 고조된 분위기의 여운이 남아 있는 가운데 결혼식이 마무리되었다.

이처럼 사람들의 감정이 어떻게 움직이는지 이해하고 행사의 흐름을 만들어도, 막상 당일에는 다양한 사건사고가 일어나기도 한다. 그럴 때는 당황하지 않고, 임기응변을 발휘하는 애드리브도 사회자로서 실력을 드러낼 수 있는 부분이다. 사실 이러한 애드리브도 순간적으로 머릿속에서 관객들의 감정의 변화를 계산한 후에 이루어지는 것이다.

계산식

현장 분위기를 $f(t)$라고 하며(t는 시간), 분위기의 변화를 $\dfrac{df}{dt}$라고 한다. 예를 들어 현장 분위기가 차분해질 때는 $\dfrac{df}{dt}$가 마이너스다. 사회자는 $f(t)$의 값을 추정하여 현장 분위기를 조절한다. 이벤트 시간이 다가오면 현장 분위기를 띄우기 위해($f(t)$를 높이기 위해) $\dfrac{df}{dt}$를 조정한다.

42

국가 간 전쟁에서 작전은 적분으로 세운다

적분의 덧셈의 축적이라고 할 수 있다. 그리고 그 합계에는 수많은 계산이 자리 잡고 있다. 방대한 데이터가 집적된 것이다.

철수가 집에 있던 앨범을 펼치자, 그 안에는 군복을 입고 있는 남자의 사진이 있었다. 이 사람이 누구냐고 질문한 철수는 그가 자신의 증조할아버지라는 사실을 알았다. 철수의 증조할아버지는 전쟁으로 돌아가셨다고 했다.

전쟁이 발발하면 많은 사람이 목숨을 잃는다. 그리고 전쟁이 길어지면 그 피해가 더욱 커진다. 전쟁의 피해자 수는 전쟁터에서 보고되는 매일매일의 사상자 수를 더해 구한다. **다시 말해 전쟁의 피해자 또한 적분으로 생각할 수 있다.**

적군의 사상자 수도 파악해야 할 필요가 있는데, 이는 아군과 비교하여 전쟁 상황에서 누가 더 유리해지고 있는지 알 수 있기 때문이다. 나아가 보충해야 할 병사 수도 생각하기 쉽고, 더 진격할지, 아니면 후퇴할지를 판단하기도 쉽다.

전쟁을 시작하고 얼마 후 적에게 진지를 공격받은 상황을 생각해보자. 이때 아군의 진영에서 엄청난 수의 사상자가 나오는 경우가 있다. 이런 상황에서 뒤로 물러서지 않고 계속 싸운다면 피해는 더욱 악화될 것이다.

또한 서로 대치 상태가 길어진다면 일시적으로 휴전하기도 한다. 그때는 싸우지 않아 사상자가 0명으로 전혀 나오지 않을 것이라고 예상하지만, 사실은 그렇지 않다. 설치된 폭탄 등이 터지며 피해가 발생하는 경우를 고려해야 하기 때문이다.

그리고 다시 전쟁이 시작되고 상황이 전개되면서, 적군이 새로운 무기를 도입하는 경우도 있다. 그때는 결과적으로 항복을 할 수밖에 없는 상황이 만들어지기도 하는데, 그렇게 되면 전쟁은 끝이 난다. 전쟁이 끝나면 사상자는 없어지지만, 그 후에도 불발탄 등의 후폭풍이 남을 수 있다(〈도표 5-8〉 참고).

매일매일의 사상자 수를 모두 더하면 전체적인 전쟁의 피해자 수를 알 수 있다. 모두 더해 엄청난 피해가 발생했다는 사실을 깨달으

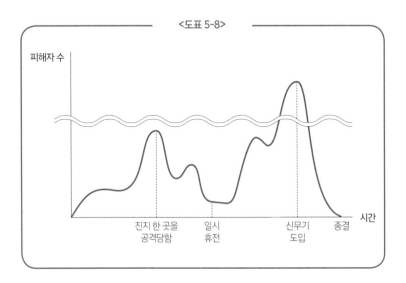

<도표 5-8>

면 '더 이상 전쟁을 하면 안 된다'라고 느끼는 사람도 증가할 것이다.

피해자 수를 적분으로 파악하는 것은 전쟁뿐만이 아니라, 교통사고나 전염병의 사망자 등에도 사용할 수 있다. 하루하루의 사망자 수뿐만 아니라, 전체적인 누적 수치가 어떻게 되는지 파악하는 것은 매우 중요하다. 국가 결정에 의한 전쟁은 대부분 개인이 어떻게 할 방법이 없다. 하지만 교통사고나 전염병은 개인이 조심하면 어느 정도 그 수를 줄일 수 있으므로, 위험성을 강조하며 사람들의 인식을 전환시키기 위해서라도 구체적인 숫자가 필요하다.

적분은 덧셈의 축적이라고 할 수 있는데, 그 합계에는 수많은 계산이 이루어지는 경우가 많다. 예를 들어 몇 년 동안 전쟁이 이어지면, 그만큼 데이터가 엄청나게 방대해진다. 여러 지역에서 그날그날의 데이터를 기록하여 더해나가는 세세한 작업의 반복이 바로 적분인 것이다.

계산식

사망자 수를 $f(t)$라고 나타낸다(t는 시간).

기간 t의 범위를 a부터 b까지라고 하면(종전 시점을 b, 전쟁 발발 시점을 a라고 한다),

$\int_a^b f(x)dx$의 값에 의해 전쟁의 전체적인 사상자 수를 알 수 있다. 만약 어떤 전쟁으로 엄청난 사상자가 발생한 경우($f(t)$의 일부가 컸을 때), 전체 사상자 수($\int_a^b f(x)dx$)도 커진다.

43

당신의 수명을 미분으로 계산해보자

인간의 수명을 미분 그래프로 나타내면, 점차 높이가 낮아지는 곡선 그래프가 될 것이다. 만약 생활 습관이 나쁘다면 곡선의 기울기가 가팔라질 것이다.

철수의 할아버지가 돌아가셨다. 할아버지는 80세를 넘기며 장수하셨지만, 그래도 평균 수명에는 도달하지 못했기에 철수는 더 오래 사셨으면 좋았을 것이라며 매우 슬퍼했다.

수명의 길이는 사람마다 다르다. 세포가 노화하고 쇠약해지면 수명을 맞이한다는 가설도 있다. 세포의 노화 속도는 개인마다 차이가 있는데, 그 속도를 통해 사람의 수명을 쉽게 추측할 수 있다.

그러나 인간의 죽음은 세포의 노화만으로 결정되는 것이 아니다. 예상치 못한 사고나 자연재해, 질병 등으로 죽음의 시기가 앞당겨지기도 한다. 그래서 세포로 사망 시기는 추측할 수는 있어도, 정확한 사망일까지는 단정할 수 없는 것이다.

특히 사람은 질병에 걸리지 않아도 수명이 다하면 죽는다. 인생의 남은 시간은 태어났을 때가 가장 길고, 시간이 지나면서 점점 짧아진다. 인생의 남은 시간이 빨리 줄어드는 경우가 있는데, 예를 들어 생활습관병에 걸리는 경우다.

생활습관병이란 운동, 식생활 등 평상시 생활이 바르지 못하거나 흡연, 음주 등 좋지 않은 영향의 축적으로 몸 상태가 무너지는 것을 의미한다. 생활습관병 중에는 당뇨병이나 고혈압 등 위중한 상태가 될 위험성도 있어, 그로 인해 사망하는 경우도 있다.

인간의 수명은 미분으로 추측할 수 있다. 연령이 증가함에 따라 수명은 점차 감소한다. 지금 건강하다면 수명은 평균 수명의 속도로 감소할 것이다. 그러나 잦은 회식으로 만취하는 날이 계속되고, 외식으로 고칼로리의 진수성찬을 먹으며 게다가 흡연도 매우 많이 한다. 심지어 운동은 전혀 하지 않는다. 이렇게 위험성이 높은 행동을 오랜 기간 지속하면, 건강한 상태를 유지할 가능성은 현저히 낮아진다. 이런 경우 수명의 남은 시간도 평균보다 짧아질 수 있다.

현시점에서 수명의 감소 수준을 자신의 몸 상태를 통해 추측하는 것도 미분의 사고방식이라고 말할 수 있다. 예를 들어 '최근에 운동을 전혀 못 하

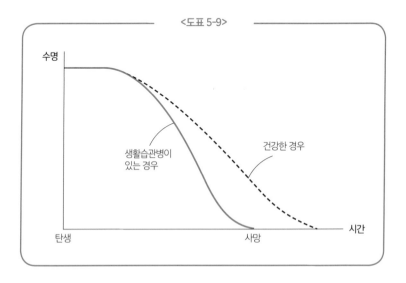

<도표 5-9>

고 있으니 오늘은 한 정거장 전에 내려 걸어서 집에 돌아가야지' 등 일상생활에서 사소하게 조정하고, 꼼꼼하게 몸 상태를 통제한다면 생활습관병 예방으로 이어질 수 있다.

그렇다면 수명을 세로축, 시간의 경과를 가로축으로 하는 그래프를 살펴보자(《도표 5-9》 참고). 생활습관병에 걸리면 수명이 짧아질 위험성이 있다. 그러면 평균 수명인 사람과 비교하여, 그래프는 죽음을 향해 더 가파른 내리막길을 만든다. 하지만 이대로는 옳지 않다는 사실을 깨닫고, 건강한 생활로 바꾸어나가면 생활습관병도 개선할 수 있으며, 수명 및 그래프도 연장될 가능성이 높다.

조금만 상태가 좋지 않다고 느끼면 참지 말고 재빨리 건강을 돌아보자. 그리고 수명을 단축하지 않고 건강을 유지할 수 있도록 노력해야 한다.

계산식

수명을 $f(t)$라고 하며(t는 시간), 수명의 변화를 $\dfrac{df}{dt}$라고 한다.

수명은 언제나 계속 감소하므로 $\dfrac{df}{dt}$는 항상 마이너스다.

건강한 상태라면 $\dfrac{df}{dt}$는 보다 커지며, $f(t)$의 감소는 완만하다.

그러나 수명이 증가할 일은 없으므로($\dfrac{df}{dt} < 0$), 언젠가는 죽게 된다고 말할 수 있다($f(t)$가 0이 되다).

참고 사이트

[제1장]

01. 일본 대학 입학 공통테스트 출제 분석(일본 토신)
https://www.toshin.com/kyotsutest/about_suugaku2.html
04. 혼인 기간에 따른 재산 분할 및 위자료 시세(일본 미쓰이스미토모 은행)
https://money-viva.jp/shiranakya-son/0005/

[제2장]

05. 수치 예보 모델 (일본 기상청)
https://www.jma.go.jp/jma/kishou/books/nwptext/51/2_
chapter4.pdf
06. 정체의 원인 해설 (NEXCO 서일본)
https://www.w-nexco.co.jp/forecast/trafficjam_comment/
07. 속도와 가속도 (일본 공학원 대학)
http://www.ns.kogakuin.ac.jp/~ft13245/lecture/2018/Phys1/
Phys1_03.pdf
10. 2016년 치과 질환 실태 조사 결과의 개요 (일본 후생노동성)
https://www.mhlw.go.jp/toukei/list/dl/62-28-02.pdf
11. 매일 근력 운동을 하면 좋을까? (일본 BODY DESIGN PLANNING)
https://www.bd-planning.com/blog/2017/10/7924/

12. 짜증이 늘고 있지 않나요? 분노라는 감정과 친하게 지내기 위한 앵거 매니지먼트 (일반 사단법인 일본 산업상담사 협회)
https://www.counselor.or.jp/covid19/covid19column9/tabid/515/Default.aspx

13. 정확률과 재현율 (일본 도쿄 공예대학)
http://www.cs.t-kougei.ac.jp/SSys/Pre_Rec.htm

14. 세대 속성별로 보는 저축 및 부채 상황 (일본 총무성 통계국)
https://www.stat.go.jp/data/sav/sokuhou/nen/pdf/2019_gai4.pdf

15. 식품의 기한 표시에 대하여 (일본 후생노동성)
https://www.mhlw.go.jp/shingi/2008/03/dl/s0327-12g_0004.pdf

16. 소금 '약간'의 양은? (주식회사 FCG 종합연구소)
https://www.fcg-r.co.jp/compare/foods_141003.html

[제3장]

17. 토지 면적을 측정하는 방법 (일본 당신의 거리 등기 측량 상담센터)
http://www.to-ki.jp/center/useful/kiso015.asp

18. [지구와 생명의 진화] ^{14}C란 무엇일까? (benesse corporation)
https://kou.benesse.co.jp/nigate/science/a13g05bb01.html

19. 쉽게 해설하는 스마트폰 지문 인식 구조 및 원리 (rikatech)
https://simpc.jp/rikatech/about-fingerprint-authentication/

20. 판다의 생태와 다가올 위기에 대하여
https://www.wwf.or.jp/activities/basicinfo/3562.html
1,864마리, 대왕판다의 최신 추정 개체수
https://www.wwf.or.jp/activities/activity/1212.html

21. 편차치란 무엇인가? 쉽게 해설하는 편차치의 의미와 구하는 방법 및 계산 방법 (eikoh)

https://www.eikoh-vis-a-vis.com/kyoiku/vol07/

22. 형사 재판의 흐름 (일본 대법원)

https://www.saibanin.courts.go.jp/introduction/kidz/kidz/a7_1.html

23. '생명보험에 관한 전국 실태 조사(2018)' (일본 공익재단법인 생명보험 문화센터)

https://www.jili.or.jp/research/report/zenkokujittai.html

24. 선거의 흐름에 대하여 (일본 교토시 선거관리위원회)

http://www2.city.kyoto.lg.jp/senkyo/senkyoFriends_html/senkyo/nagare.html

25. 약의 역할 (일본 제약공업협회)

http://www.jpma.or.jp/junior/kusurilabo/action/index.html

26. 일본의 코로나19 발생 상황 등 (일본 후생노동성)

https://www.mhlw.go.jp/stf/covid-19/kokunainohasseijoukyou.html

칼럼 2. '함수와 극한' ∞＋∞−∞이란? (benesee corporation)

https://kou.benesse.co.jp/nigate/math/a14m2103.html

[제 4 장]

27. 입시 문제! 타면 안 되는 롤러코스터? (일본 오사카부립 기시와다 고등학교)

https://www.shinko-keirin.co.jp/keirinkan/kori/science/buturi/17.html

29. 노래방 연습에 제일 좋은 분석 채점 마스터(일본 JOYSOUND)

https://www.joysound.com/web/s/joy/bunseki

31. 집단 심리가 유행에 미치는 영향(일본인의 특징인 집단주의에 착안하여)

(일본 코마자와 대학)

https://www.komazawa-u.ac.jp/~knakano/NakanoSeminar/wpcontent/uploads/2019/06/森本榮生「集団心理が流行に与える影響」.pdf

33. 근력 운동의 효과와 방법 (일본 공익재단법인 장수과학진흥재단)

https://www.tyojyu.or.jp/net/kenkou-tyoju/shintai-training/kinryoku-weight-traning.html

34. 기초 세미나 - 보드게임을 연구한다 '왜 보드게임인가?'(나고야 대학)

https://ocw.nagoya-u.jp/files/25/arita_1.pdf

[제5장]

35. 학습 평가의 첫걸음(일본 가나가와현 교육위원회)

http://www.pref.kanagawa.jp/uploaded/life/1061188_3573440_misc.pdf

36. YouTube에서 수익을 얻으려면 (YouTube 도움말-Google Support)

https://support.google.com/youtube/answer/72857

37. '연애를 못하는 이유' (일본 메이지학원 대학)

http://soc.meijigakuin.ac.jp/image/2018/04/2018-yt.pdf

38. 중학생 따돌림 현상과 스트레스의 연관성에 관한 연구(일본 분쿄대학)

https://ci.nii.ac.jp/naid/110009602670

39. 인사 승진 기준 (일본 주식회사 나카노 자동차 학교)

https://www.mhlw.go.jp/content/11800000/2-4_84a.pdf

40. 학생의 공부 방법에 따른 학습 효율성의 차이에 대한 고찰(일본 게이오기주쿠대학)

https://koara.lib.keio.ac.jp/xoonips/modules/xoonips/download.php/KO40003001-00002016-3214.pdf?file_id=126955

41. 결혼식의 흐름(일본 ZEXY)

    https://zexy.net/contents/oya/kiso/program.html

42. 전쟁과 평화-국제법, 국제 정치, 역사의 관점에서(도쿄대 명예교수 오누
    마 야스아키의 강연에서)

    https://www.soka.ac.jp/files/ja/20191014_160916.pdf

43. 〈참고자료2〉 주요 연령의 평균 여명의 연차 추이(일본 후생노동성)

    https://www.mhlw.go.jp/toukei/saikin/hw/life/life18/dl/life18-09.
    pdf

머릿속에 쏙쏙!
원소 노트

도쿄대학교 사이언스커뮤니케이션 동아리 CAST 지음 | 곽범신 옮김
200쪽 | 2도 | 값 13,500원

자, 원소의 세계로 떠나는 문을 열어보자!

이 책은 주기율표에 있는 원소 118종을 알기 쉽게 설명하고 있다. 118종의 원소가 지닌 각각의 성질, 원소에서 생성되는 화합물의 성질을 일러스트나 칼럼, 퀴즈를 통해 해설한다. 책을 읽으며 '얼핏 단순한 문자, 기호로 보일 뿐인' 원소 기호를 해석해나가는 과정에서 '화학'이라는 분야에 대한 서먹한 감정이 조금이라도 사라지기를 바란다.

머릿속에 쏙쏙!
상대성이론 노트

사이토 가쓰히로 지음 | 조사연 옮김 | 184쪽 | 2도 | 값 15,000원

문과생도 쉽게 읽는 상대성이론

상대성이론은 우주를 이해하는 기초 이론이지만, 난해하기 그지없는 내용으로 교과서 밖에서는 외면당해왔다. 하지만 이 책에서는 누구나 재미있게 읽을 수 있다. 빅뱅으로 시작된 우주의 기원과 블랙홀의 존재를 예측하는 등 상대성이론의 범위는 우주를 넘나들지만 생활 속에서도 그 영향력을 쉽게 찾아볼 수 있을 것이다.

머릿속에 쏙쏙!
물리 노트

사마키 다케오 편저 | 이인호 옮김 | 260쪽 | 2도 | 값 15,000원

물포자도 익히는 세상 만물의 원리 물리 센스!

물리는 말 그대로 세상 모든 사물의 이치다. 바꿔 말하면 세상의 온갖 일
들은 물리로 설명할 수 있다. '이런 것도 물리였어?' 싶은 것들이 생활 주
변에 가득 있는 것이다. 이 책의 목적은 간단하다. 주위의 친근한 현상을
물리적인 관점으로 바라보고 시야를 넓힐 수 있도록 도와주는 것이다.
공식과 계산은 최소한만 나오고, 사칙연산만 알면 충분하다!

머릿속에 쏙쏙!
화학 노트

사이토 가쓰히로 지음 | 곽범신 옮김 | 232쪽 | 2도 | 값 15,000원

일상생활 속, 화학의 수수께끼를 해결해보자!

물질들은 변한다. 물은 얼어 고체가 되기도 하고, 수증기가 되어 기체가 되기도 한다. 오랫동안 안 쓰던 칼에는 빨간 녹이 슬고, 가스레인지를 켜면 가스가 불에 타 빨갛게 파랗게 빛나며 뜨거워진다. 이런 물질의 변화는 모두 화학반응의 결과다. 이 책은 이와 같은 우리 주변의 물질과 그 변화를 재미있게, 이해하기 쉽게 해설해주고 있다.

머릿속에 쏙쏙!
미생물 노트

사마키 다케오 편저 | 김정환 옮김 | 230쪽 | 2도 | 값 15,000원

작지만 강력한 미생물의 세계를 들여다보자!

우리는 세균이나 바이러스 같은 아주 작은 생물, 바로 미생물과 함께 살고 있다. 인간의 몸속부터 피부, 생활 공간, 음식까지, 주위에는 온갖 종류의 수많은 미생물이 존재한다. 이 책은 이처럼 눈에 보이지는 않지만 우리 생활에 분명 영향을 끼치고 있는 미생물에 대한 이야기를 보다 쉽고 흥미롭게 풀어냈다.